Gustav Hauser

Über Fäulnisbakterien und deren Beziehungen zur Septicämie

Ein Beitrag zur Morphologie der Spaltpilze

bremen
university
press

Gustav Hauser

Über Fäulnisbakterien und deren Beziehungen zur Septicämie

Ein Beitrag zur Morphologie der Spaltpilze

ISBN/EAN: 9783955620622

Auflage: 1

Erscheinungsjahr: 2013

Erscheinungsort: Bremen, Deutschland

@ Bremen-university-press in Access Verlag GmbH, Fahrenheitstr. 1, 28359 Bremen. Alle Rechte beim Verlag und bei den jeweiligen Lizenzgebern.

bremen
university
press

ÜBER

FÄULNISSBACTERIEN

UND DEREN

BEZIEHUNGEN ZUR SEPTICÄMIE.

EIN BEITRAG

ZUR

MORPHOLOGIE DER SPALTPILZE

VON

Dr. phil. et med. GUSTAV HAUSER,

Privatdocenten der pathologischen Anatomie und I. Assistenten am pathologisch-
anatomischen Institut Erlangen.

MIT 15 TAFELN IN LICHTDRUCK.

LEIPZIG,

VERLAG VON F. C. W. VOGEL.

1885.

Inhaltsverzeichniss.

Einleitung.

Das Studium der Fäulniss bietet nicht allein als solches, von rein naturwissenschaftlichem Standpunkte aus betrachtet, hohes Interesse, sondern es sind mit demselben auch medicinische, sowohl in theoretischer, als auch in practischer Hinsicht bedeutsame Fragen verbunden.

Insbesondere sind es unter den Wundinfectionskrankheiten die Septicämie und Ichorrhämie, welche ätiologisch in innige Beziehung zur fauligen Zersetzung der Gewebe gebracht werden.

Bekanntlich hat PANUM [1]) zuerst nachgewiesen, dass bei der Fäulniss eiweisshaltiger Substanzen ein chemischer, nicht flüchtiger und in Wasser löslicher Körper von eminent giftigen Eigenschaften, das sogenannte putride Gift, gebildet wird und später ist es BERGMANN [2]) gelungen, dieses Gift in der Form eines krystallinischen Körpers als schwefelsaures Sepsin darzustellen.

Diesen Untersuchungen folgte weiterhin eine ganze Reihe chemischer Arbeiten anderer Autoren, durch welche eine grössere Anzahl mehr oder weniger giftiger Substanzen, die sogenannten Ptomaine, als Producte der Fäulniss bekannt wurden.

Es lässt sich nicht leugnen, dass durch die grundlegenden Untersuchungen PANUM's und BERGMANN's das Wesen jener schweren Krankheitsprocesse, welche durch die putride Infection bedingt sind, unserem Verständniss wesentlich näher gerückt wurde.

Gleichwohl aber müssen wir, in Rücksicht auf unsere noch sehr lückenhaften Kenntnisse über die Vorgänge bei der Fäulniss selbst, bekennen, dass durch jene Entdeckungen eigentlich erst der Anfang für eine richtige Beurteilung und für ein tieferes Verständniss jener pathologischen Vorgänge gemacht wurde.

---

1) Virchow's Archiv LX. S. 301.
2) Med. Centralblatt 1868. Nr. 32.

Freilich ist es als eine wissenschaftlich wohl begründete und
fast allgemein anerkannte Tatsache zu betrachten, dass die eigentliche Fäulniss, d. i. die faulige, unter Entwicklung stinkender Gase
einhergehende Zersetzung organischer Körper, insbesondere eiweisshaltiger Stoffe, ausschliesslich durch die Anwesenheit und Lebens-
tätigkeit von Spaltpilzen bedingt wird; allein durch diese Erkenntniss
haben wir nur im Allgemeinen einen Einblick in die Natur und das
Wesen der Fäulniss bekommen, während wir durch die Lösung dieser principiellen Frage von allerdings fundamentaler Bedeutung doch
keineswegs die complicirten chemischen und biologischen Vorgänge
bei der Fäulniss zu erklären vermöchten.

Denn wir finden in jedem beliebigen in Fäulniss übergegangenen
Körper, insbesondere in faulendem Eiweiss, nicht etwa eine einzige, wohl characterisirte Bacterienart, sondern es begegnet uns eine
ganze Anzahl der allerverschiedensten Formen, von welchen bald
die eine, bald die andere überwiegt, von welchen manche als stete
Begleiter der Fäulniss angetroffen werden, manche nur bisweilen erscheinen oder nur in bestimmten Stadien der Fäulniss auftreten.

Es ist unzweifelhaft, dass diese verschiedenen Bacterienformen
wenigstens teilweise auch verschiedene Arten repräsentiren, wenn
auch, wie diese Untersuchungen zeigen werden, offenbar sehr viele
nur einigen wenigen selbständigen Arten angehören, welche in ihrer
Entwicklung einen weiteren Formenkreis durchlaufen.

Steht man aber bei der Lehre von der Fäulniss auf dem Standpunkte der vitalistischen Theorie, dann ist es die wichtigste und zunächst sich aufdrängende Frage, welche Rolle den einzelnen dieser
verschiedenen Bacterienarten bei dem Fäulnissprocesse zukommt,
welche von ihnen überhaupt als die eigentlichen Urheber der Fäulniss
anzusehen sind, und ob nicht manche nur zufällige Begleiter sind,
denen durch die Zersetzungsproducte der ersteren erst ein günstiger
Nährboden geschaffen wird.

In dieser Frage ist jedoch bis jetzt nur wenig Positives geleistet
worden. Man ist nur darin übereingekommen, dass jedenfalls die
in faulenden Substraten so häufig vorkommenden Kokken nicht als
die eigentlichen Urheber der stinkenden Fäulniss aufzufassen sind,
sondern dass vielmehr die Stäbchenbacterien, Bacillen, als solche betrachtet werden müssen.

Insbesondere sollte nach Cohn[1] Bact. termo Ehr., welches in

---

1) Untersuch. über Bact. Beitr. z. Biologie d. Pflanz. Bd. I. 1872, Heft 2. S. 202.

allen möglichen faulenden oder überhaupt in Zersetzung begriffenen organischen Nährmedien in meist grosser Menge gefunden wird, als ein wesentlicher Fäulnisserreger anzusehen sein; COHN selbst sagt an betreffender Stelle: „Aus meinen eigenen und den übereinstimmenden Versuchen anderer Forscher bin ich zu der Ueberzeugung gelangt, dass Bact. termo das Ferment der Fäulniss ist; in ähnlicher Weise, wie Hefe das Ferment der Alkoholgährung u. s. w., dass keine Fäulniss ohne Bact. termo beginnt und ohne Vermehrung derselben fortschreitet; ich vermute sogar, dass die übrigen Bacterien, obwohl sie möglicherweise ebenfalls, wenigstens zum Teil bei den Fäulnissprocessen mitwirken, doch dabei nur eine secundäre Rolle ausüben, während Bact. termo der primäre Erreger der Fäulniss, das eigentliche saprogene Ferment ist."

Allein diesen Anschauungen COHN's liegt bei dem heutigen Stande der Bacterienforschung doch aus verschiedenen Gründen Bedenken gegenüber.

Zunächst handelt es sich um die wichtige Frage, ob diejenige Bacterienform, welche man mit dem Namen Bact. termo Ehr. zu bezeichnen pflegt, wirklich eine einzige selbständige Bacterienart repräsentirt, oder ob dieselbe nicht mehrere selbständige Arten umfasst, oder aber nur ein bestimmtes Entwicklungsstadium darstellt, welches in dem weiteren Formenkreis einer oder mehrerer polymorpher Arten durchlaufen wird.

Bact. termo Ehr. hat nach DUJARDIN[1]) cylindrische Gestalt und eine Länge von $2-3\,\mu$, bei einer Dicke von etwa $\frac{1}{2}-\frac{2}{3}$ dieser Grösse; es ist oft paarweise verbunden und zeigt zitternde Bewegung. Characteristisch für die Art soll ferner nach COHN[2]) und PERTY die traubig kugelige Gallertform ihrer Zoogloea sein, während die Bewegungen von denen der übrigen Bacterien sich nicht wesentlich unterscheiden.

Allein diese Merkmale sind offenbar viel zu unbestimmt, als dass man nach ihnen allein Bact. termo als eine einheitliche, wohl characterisirte Art erklären könnte. Denn die gleichen Eigenschaften besitzen entschieden auch andere Bacterienarten; die Grössenverhältnisse allein reichen in vielen Fällen nicht aus, um eine Art hinreichend zu unterscheiden, da dieselben häufig innerhalb einer einzigen Art grösseren Schwankungen unterworfen sind. Auch die in flüssigem Nährsubstrat beobachtete Zoogloea-Form vermag oft

1) l. c. S. 168.　　2) l. c. S. 169.

nur wenig zur Unterscheidung der Arten beizutragen; so soll z. B.
Bact. lineola (Vibrio lineola Ehr.), welches sich überhaupt von Bact.
termo nur durch seine Grösse auszeichnet, nach COHN [1]) eine ganz
ähnliche Zoogloea-Form wie die letztere Art besitzen.

Meine eigenen diesbezüglichen Untersuchungen haben mich
vollends in der Auffassung bestärkt, dass unter dem Namen Bact.
termo offenbar mehrere wohl characterisirte Arten oder auch bestimmte Entwicklungsformen von solchen verstanden werden können,
welche alle in ihren individuellen Eigenschaften gewisse gemeinsame
und eben für Bact. termo characteristische Eigenschaften besitzen,
aber in der geschlossenen, auf festem Nährboden gezüchteten Cultur
so wesentliche immer wiederkehrende Unterschiede aufweisen, dass
eine Trennung in mehrere Arten unbedingt notwendig erscheint.

Uebrigens ganz abgesehen von der offenbar noch viel zu wenig
erforschten Morphologie und Entwicklungsgeschichte von Bact. termo
Ehr. liegt nicht einmal ein zwingender Beweis für dessen fäulnisserregende Eigenschaften vor. Denn der Umstand allein, dass es ein
steter Begleiter der Fäulniss ist, vermag nicht zu beweisen, dass
es letztere verursacht, indem ja bei der Fäulniss auch andere Bacterienformen beobachtet werden. Auch die Untersuchungen EIDAM's [2])
haben diese Frage wenig gefördert; denn dieser züchtete Bact. termo
in COHN'scher Normallösung, welche unter käseähnlichem Geruche
zersetzt wurde.

FLÜGGE [3]) bestreitet daher auch, dass Bact. termo als eigent-
licher Fäulnisserreger aufzufassen sei, wenn es auch wohl unzweifelhaft einen gewissen Anteil an der fauligen Zersetzung des Eiweisses
habe. Für das Zustandekommen der „stinkenden Zersetzung eiweiss-
artiger Körper" hält FLÜGGE „noch andere Spaltpilze, namentlich
Bacillen erforderlich".

In jüngster Zeit machte nun ROSENBACH [4]) in seinem Buche über
die „Mikro-Organismen bei den Wundinfectionskrankheiten des Menschen" Mitteilung von 3 verschiedenen Bacillenarten, welche nach
seinen Untersuchungen alle als specifische wirksame Fäulnisserreger
zu betrachten wären. Der Verfasser gibt seinen Arten den gemeinschaftlichen Namen Bacillus saprogenes und unterscheidet dann jede
einzelne Art nur durch die Nummern 1, 2 u. 3. Insbesondere soll

---

1) l. c. S. 170.

2) Cohn's Beitr. zur Biol. d. Pflanzen I. 3 S. 214.

3) FLÜGGE, Fermente u. Mikroparasiten. Handb. d. Hygiene v. Pettenkofer
u. v. Ziemssen. Leipzig 1883. S. 112.   4) l. c. S. 70 ff.

Bacillus saprogenes No. 1, welcher aus einer auf erstarrtes Serum gemachten Blutcultur gewonnen wurde, in hohem Grade Fäulniss erregend wirken, so dass ihn Rosenbach für dasjenige Individuum hält, „welches für gewöhnlich die rasche, energische, stinkende Fäulniss veranlasst". Auch die beiden anderen Arten, Bac. saprogenes No. 2 und Bac. saprogenes No. 3, von welchen erstere aus stinkendem Fussschweiss, letztere aus jauchendem Knochenmark bei complicirter Fractur der Tibia dargestellt wurde, sollen in ausgesprochener Weise, wenn auch nicht so energisch wie Bac. saprog. No. 1, Fäulniss bewirken.

Allein Rosenbach, welcher seine ganze Arbeit von anderen Gesichtspunkten aus behandelte, widmet der Morphologie und der Entwicklungsgeschichte seiner Fäulnissbacillen so knappe und kurze Schilderungen, dass es schwer fallen dürfte, aus diesen nur wenige Worte umfassenden Angaben sich ein feststehendes, characteristisches Bild von den betreffenden Bacterienarten zu entwerfen und ich halte es geradezu für unmöglich, diese Arten nach den von Rosenbach gegebenen Merkmalen zu determiniren.

Sind doch sowohl der Beschreibung der Culturen und deren Wachstum, als auch der mikroskopischen Untersuchung kaum zwei Druckseiten des Buches gewidmet.

Wir können daher wohl auch heute noch mit Flügge übereinstimmen, welcher sagt [1]: „So wenig es aber möglich ist, zur Zeit nur einigermassen die Zersetzungsvorgänge bei der Fäulniss in Form von chemischen Gleichungen zur Anschauung zu bringen, so sind wir noch weniger im Stande, über die Morphologie der Fäulnisserreger Bestimmtes zu sagen. In einem Fäulnissgemisch pflegen unzählige verschiedene Formen von Spaltpilzen zu vegetiren; welche von diesen als mehr harmlose Ansiedler, welche als Gährungserreger aufzufassen sind, und auf welche von den letzteren wir die einzelnen Acte und Phasen des Fäulnissprocesses zu verteilen haben, darüber ist noch so gut wie nichts Sicheres bekannt."

Im Anschluss an die Frage, ob bereits im lebenden Gewebe gesunder Tiere Bacterien, resp. Fäulnisserreger vorhanden wären, versuchte ich nun im vergangenen Jahre die einzelnen, bei der Fäulniss vorkommenden Spaltpilzarten zu isoliren und in Reinculturen zu züchten, um dann jede Art für sich auf ihre Beziehungen zur Fäulniss prüfen zu können.

---

1) l. c. S. 228.

Es wurde zu diesem Zwecke etwa der 4. Teil eines gesunden Kalbsherzens in Würfel geschnitten, in einem nicht sterilisirten Glaskolben mit gewöhnlichem Wasser angesetzt und darauf im Brütofen bei einer constanten Temperatur von etwa 30° C. aufbewahrt. Schon nach wenigen Tagen hatte sich intensive Fäulniss entwickelt und bei der mikroskopischen Untersuchung des faulen Fleischwassers war bereits die Anwesenheit zahlloser Spaltpilze verschiedener Formen zu constatiren. Besonders häufig fanden sich eben jene kleinen Formen, welche man als B a c t. t e r m o zu bezeichnen pflegt, und zwar teils isolirt, teils zu kugeligen oder unregelmässig geformten, dichten Zoogloea-Ballen zusammengehäuft. Ausserdem aber wimmelte es noch von kleinen Kokken und Stäbchen verschiedener Grösse und Dicke, welche zum Teil mehr oder weniger lebhafte Bewegungen ausführten. Seltener waren auch lange Leptothrix-Formen und Vibrionen zu sehen, welche oft deutliche Gliederung erkennen liessen und in trägen schraubenförmigen Bewegungen über das Sehfeld hinwanderten. Endlich gewahrte man auch spärliche, an ihrem einen Ende eine Spore tragende Stäbchen, sowie zerstreute isolirte hellglänzende Sporen.

Um nun aus diesem bunten Gewimmel der mannigfaltigsten Bacterienformen die einzelnen Arten zu isoliren und in Reinculturen darzustellen, wurde in folgender Weise verfahren:

Etwa ein halber Tropfen des zuvor durch einander geschüttelten faulen Fleischwassers wurde mit etwa 50 Ccm. sterilisirten Wassers vermengt und dann von dieser stark verdünnten Fäulnissflüssigkeit mit der geglühten Platinnadel auf Nährgelatine [1]) geimpft; oder es wurde eine noch weit stärkere Verdünnung vorgenommen und dann die Flüssigkeit über eine grössere mit Nährgelatine gefüllte Schale ausgegossen und sogleich wieder ablaufen gelassen, so dass die Oberfläche der erstarrten Gelatine nur angefeuchtet erschien.

Bei Anwendung dieser beiden Methoden wurde aus dem faulen Fleischwasser anfangs etwa ein Dutzend verschiedener Spaltpilzarten, sowohl Kokken als Stäbchenformen, in Reinculturen gewonnen, von

---

1) Bei sämmtlichen Züchtungen wurde, wenn nicht ausdrücklich eine andere Zusammensetzung angegeben ist, folgende Nährgelatine verwandt:

    Gelatine 5%
    Fleischextract 1,5 %
    Pepton. siccum ½%
    Kochsalz 0,5 %
    Phosphorsaures Natron bis zu ausgesprochen alkalischer Reaction.

welchen aber auffallender Weise keine einzige Art zu einer raschen
Verflüssigung der Nährgelatine führte. Mit Ausnahme einiger Stäb-
chenarten, welche späterhin die Gelatine verflüssigten, bildeten sie
alle bei sehr verschiedener Wachstumsgeschwindigkeit nur zerstreut liegende, mehr oder weniger dichte oberflächliche Rasen von
verschiedenen Farbennuancen. Ganz besonders häufig wurde eine
kleine, dichte, graue Rasen bildende Kokkenart gefunden, welche
aber gleich den übrigen Arten auf ihre Fähigkeit, Fäulniss zu erregen, erst später untersucht werden soll.

Erst später gelang es, aus dem Fleischwasser eine Bacterienart
darzustellen, welche wegen ihres ausserordentlich raschen Wachstums und der ihr in hohem Grade zukommenden Eigenschaft, die
Gelatine zu verflüssigen, von vorne herein die Vermutung nahe
legte, dass sie einen wichtigen Anteil an der fauligen Zersetzung
haben möchte.

Da diese Bacterienart nicht allein als Fäulnisserreger, sondern
auch in ihrer Entwicklungsgeschichte hohes Interesse beanspruchen
darf, habe ich bereits im vergangenen Sommer die wichtigsten bei
dem Studium dieses Spaltpilzes gewonnenen Resultate in der Erlanger medicinisch-physikalischen Societät mitgeteilt, wenn auch
zu dieser Zeit die Reihe der anzustellenden Versuche noch lange
nicht abgeschlossen war und daher manche wichtige Frage uner-
ledigt gelassen werden musste.

Die Art wurde damals in folgender Weise aus dem faulen
Fleischwasser gewonnen:

Nachdem ich am Abend ein mit Gelatine ausgegossenes Schälchen mit der Platinnadel strichförmig geimpft hatte und am folgenden
Morgen die Aussaat untersuchen wollte, war auf dem Impfstrich
keine einzige geschlossene Pilzcultur zu sehen; hingegen erschien
die Gelatine in dem Bereiche desselben leicht rinnenförmig einge-
sunken und verflüssigt, während die ganze übrige Oberfläche der
Gelatine fast bis an den Rand des Schälchens bei schräg einfallen-
dem Lichte ein fast unmerklich matteres Ansehen zeigte.

Unter dem Mikroskop bot sich ein überraschender Anblick dar.
Im Impfstrich schwammen in der hier verflüssigten Gelatine zahllose
kleine, kurze ovale Bacterien in lebhaftem Gewimmel umher, welche
meist zu 2 aneinander gereiht waren und grosse Aehnlichkeit mit
Bact. termo hatten.

Die ganze übrige Oberfläche der Gelatine aber war vollständig
bedeckt mit unregelmässig gestalteten, inselförmigen Plaques ein-

schichtig aneinander gereihter wohl entwickelter Stäbchen und Fäden
von verschiedener Länge. Diese einzelnen Bacteriencolonien, welche
von der Impfstelle gegen die Peripherie hin sowohl an Grösse als
auch an Zahl allmählich abnahmen, verharrten nun keineswegs in
ruhiger Lage, sondern wanderten vielmehr in der Form geschlossener
Schwärme mit lebhafter, gleitender Bewegung unter fortwährender
Gestaltveränderung über die Oberfläche der Gelatine hin.

Diese Erscheinung war um so auffallender, als weder mit unbe-
waffnetem Auge noch bei mikroskopischer Untersuchung, die Impfstelle ausgenommen, auch nur eine Spur von Verflüssigung der
Nährgelatine constatirt werden konnte; dieselbe erschien vielmehr
überall absolut trocken und in ihrer Consistenz gänzlich unverändert.

Nun ist es ja aber doch für die Regel — und bisher war überhaupt keine Ausnahme von dieser Regel bekannt — gerade als der
wesentlichste Vorzug der Bacterienzüchtung auf festem Nährboden,
wie ihn eine Nährgelatine bietet, gegenüber derjenigen in flüssigem
Nährsubstrat zu betrachten, dass eben die einzelnen Bacteriencul-
turen überall da sich entwickeln und localisirt bleiben, wohin ein
Keim bei der Aussaat gelangt war. Die Culturen pflegen bei nicht
zu dichter Aussaat in Zwischenräumen ruhig neben einander zu
wachsen und nur in geschlossener Begrenzung sich bei dem weiteren
Wachstume auszudehnen, so dass man alles, was ausserhalb der
Grenzen einer Cultur, aber noch im Impfstriche gelegen ist, als eine
andere, selbständige Cultur und alles, was sich in grösserer Entfernung von der Impfstelle entwickelt, als zufällige Verunreinigung
aufzufassen hat.

Obwohl nun in unserem Falle fast die ganze Oberfläche der
Nährgelatine auch ausserhalb des Impfstriches mit zahllosen isolirten
kleinen Bacterienschwärmen bedeckt war, so waren doch die ganze
Anordnung und die charakteristischen Ortsveränderungen dieser kleinen Gruppen derartig, dass eine Verunreinigung in dem angeführten
Sinne von vorne herein auszuschliessen war. Denn es müsste ja
dann jeder der unzähligen kleinen getrennten Schwärme aus einem
gesonderten zufällig hereingefallenen Keim sich entwickelt haben
und dabei bliebe gerade die wunderbarste Erscheinung, nämlich das
Umherwandern der kleinen Colonien, gleichwohl als etwas Befrem-
dendes bestehen. Wollte man daher an eine Verunreinigung denken,
so wäre eben das Neue und Wunderbare an der Sache in dieser
selbst gelegen und deshalb gewiss nicht minder interessant.

Von der Voraussetzung ausgehend, dass die umherwandernden Bacterienschwärme nur eine einzige Bacterienart repräsentirten, suchte ich von derselben in der Weise Reinculturen zu erzielen, dass ich ganz in der Peripherie der Gelatineoberfläche, wo nur wenige zerstreute Inseln umherschwärmten, mit dem ausgeglühten Platindraht ein etwa stecknadelkopfgrosses Stückchen der Nährgelatine heraushob und in ein neues mit Nährgelatine ausgegossenes Schälchen übertrug.

Bereits nach wenigen Stunden war auch die Gelatineoberfläche dieses Schälchens bis nahe an die Peripherie mit sehr lebhaft umherschwärmenden kleinen Bacteriencolonien bedeckt, welche allmählich grösser wurden und schliesslich zu einem einheitlichen wogenden Pilzrasen zusammenflossen. Nach kurzer Zeit begann dann die Verflüssigung der Gelatine, welche so rasch fortschritt, dass bereits nach 24 Stunden die ganze Gelatine bis zu einer Tiefe von etwa 4 mm verflüssigt war.

Nach einigen Tagen wurde von dieser verflüssigten Cultur, welche nun ausschliesslich äusserst kleine, dem Bact. termo ähnliche Bacterien enthielt, abermals abgeimpft und auch diesmal entwickelte sich bereits nach kürzester Zeit wieder das gleiche interessante Schauspiel; die kleinen Bacterien wuchsen alsbald zu stattlichen Stäbchen und Fäden heran, welche sehr rasch in der Form jener characteristischen Schwärme die ganze Gelatineoberfläche überzogen, schliesslich die Gelatine verflüssigten und dann wieder zu jenen winzigen kurzen Stäbchen zerfielen.

In dieser Weise wiederholte sich dieser Cyklus der Entwicklung mit grosser Regelmässigkeit bis zur 14. Cultur und es war daher augenscheinlich sehr leicht gelungen, eine scheinbar völlig reine Cultur dieser interessanten Bacterienart zu gewinnen.

Allein bereits in der vorläufigen Mitteilung, welche ich in den Sitzungsberichten der Erlanger medicinisch-physikalischen Societät veröffentlichte, wies ich darauf hin, dass nach dem Schwärmstadium, bei Beginn der Verflüssigung der Gelatine, in den Culturen eigentümliche rosenkranzförmige und korkzieherähnliche Colonien entstehen, deren entwicklungsgeschichtlichen Zusammenhang mit dem Wachstum der ganzen Cultur ich damals nicht zu deuten vermochte.

Da nun bei weiteren Züchtungsversuchen sich eine gewisse Inconstanz in der Form und in dem Auftreten dieser eigentümlichen Gebilde herausstellte, indem dieselben unter sonst gleichen Bedingungen das eine Mal sehr zahlreich, das andere Mal nur spärlich be-

obachtet werden konnten, bald exquisit korkzieherförmig gewunden,
bald dendritisch verzweigt erschienen, so kam ich auf die Vermutung,
dass in den Culturen, welche ich bis jetzt als rein und nur einer
Bacterienart angehörig betrachtet hatte, schliesslich doch 2 verschiedene Arten enthalten sein möchten.

Ich bediente mich daher, um die Art auf ihre Reinheit zu untersuchen, der von Koch angegebenen Gelatine-Methode, indem ich
einen Tropfen äusserst verdünnter Culturflüssigkeit mit flüssig ge-
machter Nährgelatine vermengte und dann letztere über grosse sterilisirte Glasplatten oder aber in grössere sterilisirte Schalen aus-
goss. So gelang es, ganz zerstreut liegende und sehr weit von
einander getrennte Culturen innerhalb der erstarrten Gelatine zu erzielen, welche dann bei ihrem ersten Auskeimen auf andere Gefässe
übertragen wurden. Man muss übrigens bei dieser Methode nicht
allein ausserordentlich stark verdünnen, da alle an die Oberfläche
reichenden Culturen sofort anfangen auszuschwärmen und bei der
grossen Schnelligkeit der Bewegung die schwärmenden Inseln selbst
weiter von einander getrennter Bezirke sehr rasch sich gegenseitig
durchkreuzen, sondern es ist auch erforderlich, die auf der Oberfläche der Gelatine befindlichen Schwärme zu entfernen, was sich am
sichersten durch mehrfaches Abspülen der Oberfläche mit absolutem
Alkohol erreichen lässt.

Ausserdem wandte ich auch die Nägeli'sche Verdünnungsmethode an und zwar wurde mit der Verdünnung der Culturflüssigkeit
so weit gegangen, dass nur in dem 8. Teil der inficirten mit Fleischbrühe gefüllten Gläser sich Pilzculturen entwickelten. Von letzteren
wurde dann wieder auf Gelatine zurückgeimpft, da ja nur auf festem
Nährboden die characteristischen Eigenschaften dieser Bacterienart
in vollem Masse zur Geltung kommen.

Beide Untersuchungsmethoden führten zu dem einheitlichen de-
finitiven Resultat, dass es sich hier in der Tat doch nur um eine
einzige wohl characterisirte Bacterienart handelt, welche ein Schwärmstadium eingeht und in ihrer Entwicklung einen weiteren Formenkreis durchläuft.

Uebrigens gelang es mir, bei den Untersuchungen über die Verbreitung obiger Art noch 2 weitere hierher gehörige, höchst merkwürdige Bacterienarten aufzufinden, welche sich von der zuerst ge-
fundenen Art durch gewisse constant wiederkehrende Eigenschaften
unterscheiden und daher als selbständige Arten aufgefasst werden
müssen.

Alle 3 Arten besitzen in hohem Grade die Eigenschaft, bei Eiweisskörpern mehr oder weniger rasch faulige Zersetzung unter Entwicklung äusserst übelriechender Gase hervorzurufen und nach den angestellten Untersuchungen scheinen dieselben nicht allein als Fäulnisserreger eine grosse Rolle zu spielen, sondern auch bei der Ichorrhämie und Septicämie in Betracht zu kommen.

I. Morphologie und Entwicklungsgeschichte.

1. Proteus vulgaris.

Untersucht man von dieser Art eine ältere Cultur, welche mindestens 10—14 Tage bei einer durchschnittlichen Temperatur von
18—20° C. gestanden hat, so findet man die ganze Gelatine des
Näpfchens völlig dünnflüssig, getrübt und undurchsichtig und am
Grunde des Gefässes einen reichlichen, weisslichen, sehr leicht ver-
rührbaren Bodensatz.

Bringt man nun von letzterem mittelst eines Capillarröhrchens
ein Tröpfchen auf den Objectträger und verdünnt dasselbe mit Wasser
oder Kochsalzlösung, so sieht man, dass das ganze weissliche Sediment aus zahllosen allerkleinsten, zarten, blassen Bacterien besteht,
welche grösstenteils grosse Aehnlichkeit mit der als Bact. termo
beschriebenen Form besitzen. cf. Taf. I. Fig. 1.

An den kleinsten derselben lässt sich auch bei Anwendung der
homogenen Immersion Hartnack I kein deutlicher Unterschied zwischen Länge und Breite mehr erkennen; sie haben einen durchschnittlichen Durchmesser von 0,0004 mm und zeigen meistens leichte tan-
zende Bewegungen; häufiger als diese kleinsten Formen sind kurze, an
beiden Enden abgerundete Körperchen, welche bei einer Breite von
etwa 0,00042—0,00063 mm eine Länge von 0,00094—0,00125 mm
erreichen. Diese kurzen ovalen Formen erscheinen an mit Fuchsin
oder Gentianaviolett gefärbten Präparaten in der Regel in der Mitte
etwas blässer, während die beiden Pole intensive Färbung zeigen.

Die Hauptmasse aber wird von sehr kleinen, 0,00125 mm langen
und 0,0006 mm breiten, sehr deutlichen Stäbchen mit abgestumpften
Enden gebildet, welche fast stets zu 2 aneinandergereiht sind und
sich in keiner Weise von Bact. termo Ehr. unterscheiden lassen.
Häufig findet man solche Doppelstäbchen auch paarweise nebenein-
ander gelagert und man erhält dann bei flüchtiger Beobachtung,
zumal wenn die einzelnen Individuen etwas kürzer sind, den Eindruck von zu Tetraden angeordneten Kokken.

Zwischen sämmtlichen Formen, von den kokkenähnlichen Körperchen an bis zu den wohl entwickelten Doppelstäbchen finden sich alle möglichen Uebergangsformen; so sieht man insbesondere sehr zahlreiche etwa 0,00125 mm lange und 0,000625 mm breite Körperchen mit leicht abgerundeten Enden und deutlicher Einschnürung in der Mitte.

Die kleinen Doppelstäbchen liegen zum Teil ruhig in dichten Rasen beisammen, zum Teil aber zeigen sie mehr oder weniger lebhafte Bewegungen. Bald sieht man dieselben mit grosser Schnelligkeit über das Sehfeld hineilen, bald schwimmen sie langsamer umher und oft macht es den Eindruck, als ob sie sich einen bestimmten Weg suchten, indem sie bald da bald dort an einen ruhenden Stäbchenrasen mehrmals herankommen und wieder umkehren, um endlich sich mit demselben zu vereinigen oder zwischen ihm und einem benachbarten Stäbchenrasen hindurchzuwandern.

Dabei vollführen diese Doppelstäbchen stets scheinbar hin- und herschwingende Pendelbewegungen, indem die beiden Enden fortwährend in entgegengesetzter Richtung seitwärts ausbiegen. Tatsächlich beschreibt aber jedes Doppelstäbchen bei seiner Bewegung einen Doppelkegel, dessen gemeinschaftliche Achse den Vereinigungspunkt der beiden Stäbchen schneidet. Diese Art der Bewegung lässt sich besonders dann deutlicher erkennen, wenn die Stäbchen dieselbe in aufrechter Stellung vollführen; es steht dann die Achse des beschriebenen Doppelkegels oft nahezu senkrecht und man erhält dann den Eindruck, als ob ein hellglänzendes rundes Körperchen fortwährend einen Kreis beschreibe. Häufig sieht man, wie zwei oder drei Stäbchen sich lebhaft umherstossen, bis schliesslich das eine oder andere ganz plötzlich mit ausserordentlicher Geschwindigkeit in weitem Bogen sich fortschnellt.

Endlich findet man neben den beschriebenen vegetativen Formen noch spärliche runde, bei durchfallendem Lichte matt bläulich grün scheinende kugelförmige Gebilde von 0,00156—0,00167 mm Durchmesser, welche als Involutionsformen zu deuten sind.

Sämmtliche Formen, welche man in dem Bodensatz einer verflüssigten Cultur antrifft, färben sich mit braunen Anilinfarben nur äusserst mangelhaft, während man mit verdünnten Fuchsin- und Gentianaviolettlösungen sehr gute Färbungen erzielt.

Impft man nun von einer solchen verflüssigten Cultur, gleichviel ob vom Bodensatze oder von der Oberfläche derselben, auf frische Nährgelatine, so kann man folgenden Entwicklungsgang beobachten.

Bei einer constanten Temperatur von 22—24° C. bemerkt man bereits nach 6—8 Stunden, ja bisweilen in noch viel kürzerer Zeit, an der Impfstelle eine etwa 1 mm im Durchmesser haltende, runde, dellenförmige Vertiefung, innerhalb welcher die Gelatine verflüssigt ist, während dieselbe in der nächsten Umgebung in ganz geringer Ausdehnung etwas feucht glänzend, leicht aufgequollen, über die übrige Oberfläche wenig erhaben und gegen die Peripherie hin allmählich sanft abfallend erscheint. Der kleine verflüssigte Bezirk zeigt sich für das unbewaffnete Auge absolut scharf abgegrenzt und enthält weisslichgraue trübe Pilzmassen; in der Umgebung hingegen ist makroskopisch die Gelatine scheinbar völlig bacterienfrei.

Untersucht man jene graue Masse der verflüssigten Gelatine in einem Tropfen Wasser, so findet man ausserordentlich zahlreiche kleine, äusserst lebhafte Kurzstäbchen, welche ebenfalls meistens in der Form von Doppelstäbchen aneinander gereiht sind und eine durchschnittliche Länge von 0,0019—0,0025 mm bei einer Dicke von 0,00062—0,00084 mm besitzen. Dazwischen sieht man auch sehr zahlreiche grössere, bis 0,00375 mm lange Stäbchen, teils zu Doppelstäbchen verbunden, teils einzeln umherschwimmend, häufig mit einer leichten Einschnürung in der Mitte. Seltener finden sich Stäbchen von 0,00625 mm Länge und darüber bei einer Dicke von etwa 0,0093 mm; solche längere Stäbchen lassen an geeignet gefärbten Präparaten stets deutliche Gliederung erkennen, während letztere am lebenden Stäbchen nicht zu erkennen ist.

Bringt man nun die Cultur selbst unter das Mikroskop und betrachtet dieselbe direct, am zweckmässigsten mit HARTNACK IV oder V, so sieht man in dem verflüssigten Bezirke jene beschriebenen Stäbchen teils zu rundlichen oder unregelmässigen, ziemlich grobkörnig und bei durchfallendem Lichte bräunlich erscheinenden Zoogloea-Ballen zusammengehäuft, teils isolirt, entweder ruhend oder in mehr oder weniger lebhafter Bewegung umherschwimmend. In der Peripherie aber zeigt sich die angrenzende, noch nicht verflüssigte Gelatine an der Oberfläche von einer schmalen Zone eines sehr feinkörnigen, 2—3 schichtigen Pilzrasens bedeckt, welcher nach aussen hin in eine Zone eines einschichtigen, 0,02—0,1 mm breiten Stäbchenrasens allmählich übergeht.

Letzterer wird von kurzen, durchschnittlich 0,0025—0,00375 mm langen und 0,00084 mm dicken, an den Enden leicht abgerundeten und in der Mitte häufig eingeschnürten Stäbchen gebildet, welche etwa in der Form von schwimmenden Holzscheitern verschiedener

Länge ziemlich dicht aneinander gelagert sind; nicht selten sieht man, besonders nach aussen hin, auch grössere bis 0,0075 mm lange und 0,0093 mm dicke Stäbchen dazwischen eingelagert. Nach aussen zeigt dieser Stäbchenrasen eine sehr unregelmässige Begrenzung; an zahlreichen Stellen sieht man breite, rundliche Ausbuchtungen oder schmale zungenförmige Ausläufer von verschiedener Länge, oder auch ganz unregelmässig gestaltete, von rundlichen und zackigen Linien begrenzte Fortsätze, welche nicht selten selbst wieder kürzere Ausläufer entsenden.

Bei genauer Beobachtung ist nun sehr leicht zu erkennen, wie besonders am äusseren Rande des einschichtigen Stäbchenrasens einzelne Stäbchen oder kleinere Gruppen von solchen ihre Lage wechseln, indem sie sich gegenseitig verschieben oder dem Rande entlang ziemlich rasch hingleiten. Ebenso befinden sich in den Ausläufern die Stäbchen teilweise in Bewegung und häufig sieht man, wie ein ganzer derartiger Fortsatz sich plötzlich von dem gemeinschaftlichen Pilzrasen abtrennt und in langsam gleitender Bewegung sich entfernt. Häufig lösen sich auch von dem Rande des Stäbchenrasens selbst kleine, aus wenigen Stäbchen bestehende Gruppen ab und entfernen sich eine kurze Strecke weit, um schliesslich eine kurze Bogenlinie beschreibend wieder umzukehren und in demselben wieder zu verschwinden.

Ausserdem sieht man aber in der Umgebung des Stäbchenrasens eine 4—5 mm breite Zone der vollkommen unveränderten Gelatineoberfläche von zerstreuten, oft nur aus 2—6 Stäbchen bestehenden Gruppen und kleineren und grösseren, ganz unregelmässig und sehr mannigfaltig gestalteten, inselförmigen Plaques bedeckt, welche von einer einschichtigen Lage sehr dicht gedrängter Stäbchen verschiedener Länge — es schwankt letztere zwischen 0,0023 und 0,008 mm — gebildet werden; nicht selten findet man in denselben auch noch längere Stäbchen und vereinzelte, sehr lange Fäden, welche bei einer Dicke von 0,001 mm eine Länge von 0,0375 mm und darüber erreichen. Solche Fäden von sehr verschiedener Länge sowie kürzere und längere Stäbchen trifft man auch völlig isolirt zwischen jene kleinen Gruppen und inselförmigen Plaques zerstreut, besonders werden sie in der äussersten Peripherie etwas häufiger, wo die Stäbcheninseln allmählich an Grösse mehr und mehr abnehmen, aber in weit grösserer Anzahl längere Stäbchen und Fäden verschiedener Länge enthalten. (Taf. II Fig. 3, Taf. III Fig. 5.)

Alle diese von dem an der Impfstelle bestehenden Pilzrasen

vollkommen abgetrennten, teils völlig isolirten, teils zu kleineren
Gruppen oder kleinen inselförmigen Colonien vereinigten Stäbchen
und Fäden lassen nun fortwährend sich rasch vollziehende Ortsveränderungen erkennen.

Die kleineren Gruppen sieht man oft ziemlich lebhaft auf der
Gelatine hinkriechen, sich mit einer anderen, zufällig entgegenkommenden Gruppe vereinigen, um mit dieser dann gemeinschaftlich
weiterzuwandern; oder es gleiten die beiden Gruppen, sich gegenseitig dicht berührend, aneinander vorüber und während die eine
sich entfernt, wandert vielleicht die andere in eine benachbarte Insel
ein und verschmilzt mit dieser. Aus den Inseln wiederum sieht
man bald da bald dort kleinere und grössere Gruppen sich ablösen,
welche ihren besonderen Weg sich suchen, während die ganzen Inseln
selbst bald an Ort und Stelle verharren, bald unter fortwährender
Veränderung ihrer Form sich ebenfalls fortbewegen. Die isolirten
langen Fäden eilen meist in rascher gleitender Bewegung dahin,
entweder gerade gestreckt oder leicht gebogen, oder aber zu einer
Schleife zusammengebogen, wobei dann das geschlossene Ende vor-
anzugeben pflegt.

Nicht selten beschreiben diese Fäden längere Zeit einen sehr
vollkommen sich fortwährend wiederholenden weiten Kreis und mitunter sieht man zwei derselben ein förmliches Spiel mit einander
treiben, indem beide in mehr oder weniger weitem Bogen die
gleiche Kreislinie aber fortwährend in entgegengesetzter Richtung
beschreiben.

Während nun die Cultur in der geschilderten Weise auf der
Oberfläche der Gelatine sich ausbreitet, dringen in der ganzen Peripherie des verflüssigten Bezirkes, welcher sich in der Form eines
kleinen Kugelsegmentes in die Gelatine einsenkt, zahllose kurze
Stäbchen in die noch nicht verflüssigte Gelatine ein.

Bei etwas tieferer Einstellung sieht man nämlich im Bereiche
der nur leicht gequollenen Gelatine und über denselben hinaus unterhalb des oben geschilderten Stäbchenrasens einen förmlichen Strahlenkranz, welcher aus zunächst noch nicht sehr dicht und in ganz
verschiedenen Ebenen liegenden Stäbchenketten gebildet wird.

Diese Stäbchenketten verlaufen im Allgemeinen in radiärer
Richtung, doch ist die Lagerung der einzelnen zu einander oft etwas
unregelmässig, so dass sie bald parallel zu einander liegen, bald in
spitzen Winkeln verschiedener Grösse sich kreuzen. Dieselben bestehen meistens aus sehr kurzen, 0,00125—0,00375 mm langen und

durchschnittlich 0,00085 mm dicken Stäbchen, welche in ganz kurzen
Abständen der Länge nach, seltener etwas schräg liegend, hinter
einander gelagert sind; die einzelnen Ketten haben sehr verschiedene Länge, indem die Anzahl der Stäbchen eine schwankende ist;
meistens werden sie von 15—20 Stäbchen gebildet, oft aber findet
man noch weit längere Reihen. Nicht selten sind die einzelnen
Stäbchen so dicht in der Richtung ihrer Längsachse aufgeschlossen,
dass man eine solche Kette für einen einheitlichen längeren Faden
halten möchte.

Die einzelnen Individuen dieser Stäbchenketten zeigen nun fortwährend höchst eigentümliche Bewegungen. Bei genauer und an-
haltender Beobachtung sieht man nämlich, wie plötzlich sämmtliche
Stäbchen oder auch nur ein Teil derselben auseinanderweicht, um
sich sofort oder aber nach wenigen Secunden wieder in die ursprüngliche Lage zurückzubegeben. Sehr häufig sieht man, wie die 3 bis
6 letzten Stäbchen am peripheren Ende eines Fadens sich ablösen
und, indem sie unter einander selbst grössere Abstände nehmen, oft
um die ganze Fadenlänge ziemlich rasch in gerader Linie sich
vorwärts bewegen; in dieser neuen Lagerung verharren sie einige
Secunden und kehren dann genau auf dem nämlichen Wege zur
Stäbchenkette zurück. Dieses sonderbare Spiel kann man oft eine
halbe Stunde und länger beobachten, immer in der gleichen Weise,
wobei die ganze Stäbchenkette allmählich durch Vermehrung der
einzelnen Individuen an Länge zunimmt. Bald aber treten in den
Stäbchenketten leichte Verschiebungen ein, so dass die einzelnen
Stäbchen nicht mehr in der Richtung ihrer Längsachse hinter einander gelagert sind, sondern etwas schräg hintereinander zu liegen
kommen. Auch macht man nicht selten die Beobachtung, dass 2
bis 4 Stäbchen, welche längere Zeit in der soeben geschilderten
Weise vom peripheren Ende einer Kette sich abgelöst hatten und
wieder zurückgekehrt waren, plötzlich bei der Rückkehr um 4 bis
5 Stäbchenlängen weiter sich fortbewegen, um sich in spitzem Winkel
seitlich an die ursprüngliche Stäbchenkette anzulagern.

Da nun diese Stäbchen auch fernerhin immer wieder zu dieser
einen Stelle zurückkehren, so bilden sich auf diese Weise scheinbar verzweigte Stäbchenketten. Häufig lösen sich einzelne oder
mehrere Stäbchen für immer ab und bohren sich selbständig innerhalb der Gelatine weiter oder vereinigen sich, wenn sie an die
Oberfläche gelangen, mit den dort umherschwärmenden Stäbchengruppen.

Das weitere Wachstum der ganzen Cultur pflegt nun ausserordentlich rasch vor sich zu gehen. Bereits nach 1—2 Stunden
erscheint der verflüssigte Bezirk um 1—2 mm verbreitert und etwas
tiefer in die Gelatine eindringend, während die Oberfläche der
übrigen Gelatine in der Umgebung desselben bei schiefer Beleuchtung und aufmerksamer Betrachtung ein etwas matteres Ansehen nicht
verkennen lässt, welches gegen die Peripherie hin ganz allmählich
abnimmt.

. Bei der mikroskopischen Untersuchung zeigt der von der Ver-
flüssigungsgrenze aus sich erstreckende Stäbchenrasen eine Breite
von 1—2 mm und die einzelnen Stäbchen desselben sind grösstenteils etwas länger geworden; sie besitzen eine durchschnittliche
Länge von 0,0046 mm, sehr viele erreichen aber auch 0,0069 mm
und darüber. Durch den ganzen Rasen zerstreut findet man ziemlich zahlreiche 0,0346—0,055, ja selbst 0,069 mm lange und etwa
0,001 mm dicke Fäden, welche in den mannigfaltigsten Windungen
zwischen die dicht gedrängten Stäbchen eingelagert sind; nicht
selten bilden dieselben schneckenförmig aufgewundene, fortwährend
lebhaft rotirende Ringe, welche oft kleine Lücken in dem Stäbchenrasen begrenzen oder kleinere Stäbchengruppen umfassen.

Gegen die Peripherie hin sieht man in dem Stäbchenrasen zahlreiche ganz unregelmässig gestaltete Lücken, welche, da der ganze
Rasen besonders nach aussen hin sich unaufhörlich in schiebender
und wogender Bewegung befindet, fortwährend ihre Gestalt ver-
ändern oder völlig verschwinden, während an anderen Stellen wieder
neue Lücken entstehen.

Allmählich löst sich der Stäbchenrasen in seiner Peripherie in
sehr mannigfaltig geformte, zackig begrenzte und mit Ausläufern
versehene Stäbcheninseln auf (cf. Taf. XV Fig. 25), welche oft an
verschiedenen Stellen noch im Zusammenhang mit dem Stäbchenrasen stehen, aber bald da bald dort lösen sich solche inselförmige
Plaques vollständig ab, um an einer beliebigen anderen Stelle sich
wieder mit demselben zu verbinden, oder weiter nach der Peripherie hin auszuschwärmen. Ausserdem findet man aber die ganze
Oberfläche der Gelatine bis an den Rand des Schälchens, bei
einem Durchmesser desselben von 4—5 cm, mit zahllosen derartigen,
völlig frei umherwandernden einschichtigen Bacterienschwärmen
bedeckt, welche, je weiter man sich von dem Mittelpunkte der
Cultur entfernt, im Allgemeinen um so mehr an Grösse abnehmen,
bis man schliesslich nur noch vereinzelten kleineren Gruppen oder

völlig isolirten Individuen begegnet. (cf. Taf. XV Fig. 25 u. 26, ausserdem Taf. II Fig. 3 u. Taf. III Fig. 5.)

Die grösseren, dem Stäbchenrasen näher gelegenen Inseln bestehen grösstenteils aus Stäbchen von durchschnittlich 0,0057 bis 0,0069 mm Länge und etwa 0,0007—0,0008 mm Dicke; doch trifft man auch sehr zahlreiche längere Stäbchen und auch hier schon sieht man in denselben sehr viele lange Fäden, welche bei einer Dicke von 0,0001 mm eine Länge von 0,08 mm erreichen können. Besonders häufig sind diese Fäden an der Peripherie der Inseln, sich dicht anschmiegend, gelagert, oft aber liegen sie auch im Innern derselben, ringsum von Stäbchen eingeschlossen oder schwärmen einzeln zwischen den Inseln umher.

Diese inselförmigen Stäbchencolonien befinden sich nun fortwährend in lebhafter Bewegung und raschem Wechsel der Form, indem die einzelnen Stäbchen und Fäden sich unablässig gegenseitig verschieben und in dichten Schwärmen nach den verschiedensten Richtungen hin durcheinanderkriechen, wodurch eine unaufhörliche Verschiebung der Grenzen bedingt wird.

Ausserdem aber sieht man bald da bald dort einen Teil der Stäbchen in der Form meist langgestreckter, ziemlich schmaler Ausläufer sich aus den Inseln herausschieben, welche oft gleich Pseudopodien rasch wieder verschwinden, oder aber sich völlig losreissen und in dicht geschlossener Ordnung die Colonie verlassen. Oft sind es nur kleine aus wenigen Stäbchen bestehende Gruppen, welche in dieser Weise sich von einer solchen Insel ablösen, oft aber trennen sich auch grössere aus 100 und mehr Individuen gebildete Schwärme ab, welche dann meist in sehr schneller gleitender Bewegung über die freie Fläche der Gelatine hineilen, um sich vielleicht mit anderen, in der gleichen Weise schwärmenden kleineren Abteilungen zu vereinigen, oder in eine benachbarte Insel einzuwandern, oder ganz selbständige eigentümliche Bewegungen zu vollführen.

Die sich völlig ablösenden Ausläufer bilden meistens langgestreckte oder mehr spindelförmige Abteilungen und die einzelnen Individuen derselben stehen gewöhnlich in unregelmässigen Parallelen, indem ihre Längsachse mit der Richtung der Bewegung des ganzen Schwarmes zusammenfällt. Nur die längeren Fäden sind oft schleifenförmig umgebogen und pflegen dann mit dem geschlossenen Ende voranzugehen, wobei sie zwischen den beiden Schenkeln der Schleife eine Anzahl von Stäbchen einschliessen; häufig stehen solche längere Fäden, entweder einzeln oder zu mehreren hintereinander

gelagert, an der Spitze der sich abschnürenden Abteilungen, so
dass sie gewissermassen als die Führer der kleinen Schwärme erscheinen.

Zwischen den grösseren inselförmigen Plaques und den grösseren
Schwärmen sieht man auch sehr zahlreiche einzelne Fäden und ganz
kleine Stäbchengruppen umherkriechen, welche letztere häufig nur
aus 4—5 parallel gelagerten Kurzstäbchen bestehen, bisweilen von
einer längeren Fadenschleife halbmondförmig umfasst werden und
dann in ihrer Form gerieften breiten Schmetterlingsschuppen nicht
unähnlich sind.

Je mehr man sich der Peripherie der Gelatineoberfläche nähert,
um so weniger zahlreich und um so kleiner werden die wandernden
Stäbcheninseln. Hingegen findet man gerade hier verhältnissmässig
sehr zahlreiche lange Fäden, welche teils einzeln, teils zu kleinen
Gruppen vereint umherschwärmen oder in die kleinen Stäbchen-
schwärme eingelagert sind.

Die Bewegungen, welche von allen diesen grösseren und kleineren wandernden Stäbchencolonien ausgeführt werden, sind äusserst
characteristisch und derartig, dass sie unmöglich durch Strömungen
einer etwa an der Oberfläche der Gelatine befindlichen Flüssigkeitsschichte bedingt sein könnten, ganz abgesehen davon, dass eine
solche Flüssigkeitsschichte sich überhaupt in keiner Weise nachweisen lässt. Es tragen vielmehr diese merkwürdigen Bewegungen
völlig den Character absoluter Spontaneität und müssen als eine
directe Lebensäusserung der Bacterien selbst aufgefasst werden, ja
man kann sich sogar nicht des Gedankens erwehren, dass oft eine
förmliche Willensäusserung zur Erscheinung komme.

Denn man kann beobachten, wie solche kleine Colonien an
anderen, gerade in entgegengesetzter Richtung sich bewegenden
Schwärmen sich so dicht vorbeidrängen, dass für einen Augenblick
die beiden Schwärme verschmolzen erscheinen; ja nicht selten sieht
man sogar, dass bei directer Begegnung zweier in entgegengesetzter
Richtung hinkriechender Schwärme der eine sich in der Mitte spaltet
und dem entgegenkommenden eine Gasse macht, durch welche sich
letzterer rasch hindurchwindet, worauf dann der erstere sich wieder
schliesst und jeder Schwarm für sich wieder in geschlossener Ordnung seinen ursprünglich eingeschlagenen Weg verfolgt.

Sehr häufig bemerkt man ferner, wie von einem längeren,
schmalen, rasch dahingleitenden Stäbchenschwarm sich plötzlich ein
grösserer Teil oder auch eine nur aus wenigen Stäbchen bestehende

Gruppe vom hinteren Ende ablöst und nun gerade in entgegengesetzter Richtung davoneilt.

Eine sehr merkwürdige und schöne Erscheinung bieten die besonders in der Peripherie nicht selten auftretenden Fadenringe, welche meistens aus 4—8 ungleich langen, concentrisch oder in dichtgedrängten Schneckenwindungen gelagerten Fäden bestehen. (cf. Taf. VII Fig. 11 u. 12, Taf. XV Fig. 25.)

Diese Ringe zeigen fortwährende, oft äusserst lebhafte, rotirende Bewegungen, wobei der ganze Ring in der gleichen Richtung rotiren kann, oder aber 2 in entgegengesetzter Richtung kreisende Zonen bestehen können.

Ueberhaupt werden nicht allein von den Fäden, sondern auch von den wandernden Stäbcheninseln vorzüglich kreisförmige Bewegungen ausgeführt; meistens schwärmen dieselben in weiten Bogenlinien umher und sowohl einzelne schwärmende Fäden, als auch ganze Gruppen und Züge von Stäbchen und Fäden zusammen zeigen dementsprechend leicht bogenförmig gekrümmte Figuren. Häufig werden übrigens auch grössere Strecken in gerader Richtung zurückgelegt.

Die geschilderten Bewegungen pflegen bei einer Temperatur von 20—22° C. äusserst lebhaft zu sein; sowohl einzelne Individuen als auch kleinere und grössere Schwärme können in der Minute eine Entfernung vom 1 mm und darüber durchlaufen. Bei niedriger Temperatur pflegt hingegen die Bewegungsgeschwindigkeit sehr beträchtlich abzunehmen; so konnte ich z. B. bei einer Temperatur von 10° C. die Ortsveränderungen nur dadurch erkennen, dass im Verlauf der ganzen Entwicklung deutliche Lageveränderungen eintraten.

Während nun die ganze noch intacte Gelatineoberfläche in der beschriebenen Weise von einschichtigen Bacterienschwärmen bedeckt ist, findet man in dem verflüssigten Bezirke und dessen nächster Umgebung folgendes Verhalten:

Innerhalb der verflüssigten Gelatine schwimmen immer noch reichliche, dichte Zoogloea-Ballen umher, insbesondere hat sich am Grunde der zu einem grösseren Kugelsegment herangewachsenen Vertiefung ein dichtes, weissliches Sediment gebildet, welches aus zahllosen Kurzstäbchen, untermengt mit längeren Formen besteht. Ausserdem sieht man gegen den Rand zu sowohl an der Oberfläche, als auch in tieferen Schichten sehr zahlreiche, ausserordentlich lange Fäden, welche mehrfach gewundene, langgezogene Schraubenformen darstellen und deutliche Drehbewegungen zeigen, oder aber schlei-

fenförmig umgebogen sind und dann gewöhnlich mit dem geschlossenen Ende voran mit grosser Lebhaftigkeit in buntem Gemenge mit
kleineren und längeren Stäbchenformen durcheinanderschwimmen
und sich gegenseitig umherstossen.

Die Gelatine in der nächsten Umgebung des verflüssigten Bezirkes ist in etwas grösserer Ausdehnung, etwa bis zu einer ½—1 mm
breiten Zone, deutlich aufgelockert und leicht gequollen und unmittelbar unter der Oberfläche sieht man nun an Stelle der ursprünglich verhältnissmässig spärlichen, radiär verlaufenden Stäbchenketten
einen prachtvoll entwickelten, ungemein dichten Strahlenkranz, welcher eine etwa 0,3 mm breite Zone bildet und aus zahllosen langen,
teils gerade gestreckten, teils mehr oder weniger schraubenförmig
gewundenen Fäden, Stäbchenketten und eigentümlich gestalteten
Zoogloea-Bildungen besteht.

Die einzelnen Fäden erreichen hier durchschnittlich eine ganz
enorme Länge, welche selbst 0,1 mm und darüber betragen kann;
sie sind zum Teil vollkommen gerade gestreckt, also der Leptothrix-Form entsprechend, meistens aber pflegen sie langgezogene
Schraubenwindungen zu zeigen, so dass auf einen etwa 0,06 mm
langen Faden nur 2—3 ganz wenig ausgebogene Windungen fallen.
Häufig findet man aber auch Fäden mit weit stärker ausgeprägten
und zahlreicheren Windungen, so dass auf eine Fadenstrecke von
0,012 mm je eine Schraubenwindung kommt. Nicht selten sieht man
auch sehr schöne Spirillen, welche 2—4 sehr regelmässig entwickelte,
breite und ziemlich nahe zusammengerückte Spiralumgänge besitzen.
Einen ungemein zierlichen Anblick gewähren endlich die allerdings
seltener und fast ausschliesslich in etwas tieferen Schichten vorkommenden Spirulinen, welche zu einer langen Schleife umgebogene
Fäden darstellen, deren beide Schenkel in ganzer Ausdehnung oder
nur eine Strecke weit mit einander zopfförmig verflochten sind.
(Taf. XIV Fig. 23.) Auch diese Spirulinen haben sehr verschiedene
Länge; die kleinsten sind kaum 0,015 mm lang und zeigen nur 1 bis
2 geschlossene Schleifen, während die grössten, die ich beobachten
konnte, bei 6—8 geschlossenen Windungen eine Länge von 0,0576
bis 0,069 mm, das ist eine Gesammtlänge des ganzen Fadens von
etwa 0,1152—0,138 mm erreichen.

Ausser diesen regelmässigen Formen finden sich alle nur denkbaren Zwischenformen und ganz unregelmässig in der mannigfaltigsten Weise gewundene und gekrümmte Fäden. So sieht man häufig
lange Fäden, welche an der einen Hälfte spirillenähnlich stark ge-

wunden sind, an der anderen aber in lang ausgezogene Schraubenwindungen auslaufen; andere wieder zeigen sehr unregelmässige
Windungen von ganz verschiedener Länge und Breite; bei vielen
Spirulinen ist der eine freie Schenkel beträchtlich länger als der
andere und ebenfalls häufig mit Schraubenwindungen versehen oder
unregelmässig gekrümmt.

Die eigenartigen Zoogloea-Bildungen des Strahlenkranzes haben
ebenfalls die mannigfaltigsten Formen aufzuweisen, ja man kann
sagen, dass sich alle jene bei den einzelnen Fäden vorkommenden Formen wiederholen. So findet man sehr zahlreiche einfach
gerade verlaufende, sehr schmale, feinkörnig erscheinende Stränge,
welche an ihrem inneren Ende sich allmählich in eine oder zwei
Reihen schräg oder auch geradlinig hintereinander gelagerter Kurzstäbchen auflösen, deren einzelne Stäbchen jene oben geschilderten
merkwürdigen Bewegungen vollführen. Meistens aber zeigen diese
Zooglöen am Ende kolbenförmige Anschwellungen bis zu einer Dicke
von 0,02 mm und haben einen mehr oder weniger gewundenen Verlauf, wobei die Form der Windungen vollkommen den bei den Fäden
auftretenden Formen entspricht. Man sieht daher neben unregelmässig gewundenen und gekrümmten, keulenförmigen Gebilden auch
sehr regelmässig entwickelte Schraubenformen von verschiedener
Länge und verschiedenem Durchmesser der einzelnen Windungen.
Sehr häufig haben die keulenförmigen Zooglöen in ihrem ganzen
Verlaufe oder nur in der äussern Hälfte rundliche und ovale Anschwellungen, wodurch unregelmässige Rosenkranzfiguren entstehen.
(cf. Taf. IV Fig. 7 u. 8, Taf. V Fig. 9.)

Sämmtliche Zoogloea-Formen haben gegen das periphere Ende
hin ein feinkörniges Ansehen, während sie gegen das centrale Ende
sich häufig sehr deutlich in ein- bis dreigliedrige Ketten von Kurzstäbchen auflösen.

Sowohl die oben beschriebenen Fadenformen als auch diese
eigenartigen Zoogloea-Bildungen stehen im Allgemeinen zum Mittelpunkte des verflüssigten Bezirkes in radiärer Richtung und bilden
von oben betrachtet eine äusserst dichte, sonnenförmig ausstrahlende
Figur, wenn auch die einzelnen Fäden und Zooglöen häufig sich
gegenseitig unter verschiedenen Winkeln kreuzen und scheinbar
durchflechten. Dieser Strahlenkranz verbreitet sich übrigens nicht
allein in horizontaler Richtung, sondern es stellt derselbe vielmehr nur
die in der horizontalen Ebene gelegene Begrenzung eines förmlichen
Strahlenmantels dar, welcher von dem ganzen in der Form eines

Kugelsegmentes sich in die Tiefe senkenden verflüssigten Gelatine-
bezirk in radiärer Richtung ausstrahlt.

Während die Zooglöen des Strahlenkranzes mit Ausnahme der
an dem centralen Ende mancher sich auf- und abbewegenden Stäbchen scheinbar in absoluter Ruhe verharren, sieht man die verschiedenen Fadenformen häufig langsame Bewegungen ausführen; dieselben
bohren sich eine Strecke weit gegen die Peripherie hin vor, kehren
wieder den gleichen Weg zurück, oder schieben sich auch in schräger
Richtung zwischen die anderen Fäden und Zooglöen herein. Nicht
selten verlassen sie aber auch den Strahlenkranz vollständig und
beginnen denselben langsam zu umkreisen, wobei die gewundenen
Formen schraubende Bewegungen vollziehen, welche den Eindruck
von Schlangenwindungen hervorrufen.

Indem nun immer zahlreichere Fäden aus dem Strahlenkranze
austreten und die bereits ausgewanderten sich offenbar selbst durch
Teilung wieder vermehren, kommt es auf diese Weise zur Entwicklung einer sehr dichten circulären Zone, welche eine Breite
bis zu 0,6 mm und darüber erreichen kann und welche aus zahllosen langen Fäden, langgestreckten Vibrionen, spärlichen Spirillen
und Spirulinen besteht. Alle diese Formen umkreisen in meist
lebhafter Bewegung und in verschiedener Richtung, nämlich von
links nach rechts und umgekehrt, den Strahlenkranz und den verflüssigten Bezirk. An diesen Fadenformen der circulären Zone lassen
sich bei guter Fuchsinfärbung an beiden Enden sehr deutliche 0,003
—0,005 mm äusserst dünne und zarte Cilien nachweisen, während
ich dieselben bei den an der Oberfläche schwärmenden Individuen
niemals sichtbar machen konnte.

Gleichzeitig mit der Entwicklung der circulären Zone biegen
sich die Zooglöen und ruhenden Fäden des Strahlenkranzes bei ihrem
weiteren Wachstume in der Peripherie bogenförmig um, so dass
derselbe allmählich in die circuläre Zone übergeht, in welcher sich
fernerhin die gleichen Zoogloeaformen, aber circulär gelagert, entwickeln können (cf. Taf. VI Fig. 10).

Nach der Peripherie zu nimmt der circuläre Fadenring sehr
rasch an Dichtigkeit ab und geht in eine ziemlich breite Zone über,
innerhalb welcher die mannigfaltigsten Fadenformen sich in den verschiedensten Richtungen und Ebenen durchkreuzen und auf diese Weise
förmlich ein weitmaschiges, sich fortwährend verschiebendes Netzwerk bilden. Auch finden sich in demselben meist zahlreiche, zerstreut liegende Kurzstäbchenketten und schmale, oft spiralig ge-

wundene und mit knopfförmigen Anschwellungen versehene Zoogloea-
bildungen, welche denen der radiären und circulären Zone gleichen,
aber oft diese an Länge weit übertreffen. Stets lösen sich solche
Zooglöen an einem oder an beiden Enden in sich fortwährend verschiebende Stäbchenreihen auf. Dieses Netzwerk geht allmählich
völlig in einzelne sich langsam bewegende Fadenformen über und
man kann oft noch weit aussen in der Peripherie unterhalb der an
der Oberfläche umherwandernden Bacterienschwärme vereinzelte Vibrionen und Spirillen, selten auch Spirochaete-Formen sich langsam
in der Gelatine fortbewegen sehen.

Bei dem rasch vor sich gehenden Wachstum der Cultur fliessen
nunmehr die an der Oberfläche der Gelatine schwärmenden Bacte-
rieninseln vom Centrum gegen die Peripherie hin fortschreitend zu
einem dichten, aus Stäbchen und Fäden bestehenden, fortwährend
in wogender und kräuselnder Bewegung befindlichen Rasen zusammen, welcher nach aussen hin allmählich in ein dichtes Netzwerk
vielfach anastomosirender und confluirender, sich beständig verschiebender Stäbchen- und Fadenschwärme übergeht und in der
äussersten Peripherie sich schliesslich in eine nur noch schmale Zone
isolirt umherwandernder Inseln auflöst. Endlich aber fliessen auch
diese zusammen und es ist dann die ganze Gelatineoberfläche von
einem dichten, wogenden, an zahlreichen Stellen deutlich zwei- bis
dreischichtig erscheinenden Pilzrasen bedeckt, womit die Verflüssigung der Gelatine von allen Punkten der Oberfläche aus in gleich-
mässiger Weise eingeleitet wird.

Der verflüssigte Bezirk der Gelatine hat nun bereits einen Durchmesser von 10—15 mm erreicht, der radiäre Strahlenkranz ist meistens
vollständig verschwunden, während die circuläre Fadenzone beträchtlich breiter erscheint und jenes diffuse Netzwerk sich vielfach kreu-
zender und in den verschiedensten Richtungen und Ebenen bewegen-
der Fadenformen ungemein dicht geworden ist und sich bis an die
Peripherie des Schälchens unterhalb des an der Oberfläche befindlichen Bacterienrasens erstreckt. Besonders hier kann man sehr leicht
prachtvoll entwickelte Spirillen und lange, stark gewundene Vibrionenformen, sowie vereinzelte zierliche Spirulinen beobachten, welche
alle innerhalb der aufgelockerten Gelatine mit bohrender Bewegung
umherschwärmen.

Die ganze Gelatine-Oberfläche verliert nun sehr bald jenes matte,
durch den oberflächlichen Pilzrasen bedingte Ansehen und erscheint
aufgelockert und feucht glänzend; schon nach wenigen Stunden ist

die ganze Oberfläche etwa bis zu 1 mm Tiefe verflüssigt und gleichmässig trübe. Bei der mikroskopischen Untersuchung findet man
in der verflüssigten Gelatine zahllose Fadenformen und Stäbchen der
verschiedensten Grössen; insbesondere sind die kürzeren Formen
und jene kleinen, leicht eingeschnürten und dem Bact. termo gleichen-
den Kurzstäbchen ausserordentlich zahlreich, was darauf hindeutet,
dass die längeren Formen bereits wieder beginnen in kürzere zu
zerfallen.

    In den oberen Schichten der noch nicht verflüssigten Gelatine
aber kann man nach Abgiessen der verflüssigten Massen immer noch
jenes dichte Netzwerk der verschiedenen Fadenformen erkennen und
oft macht dasselbe von oben her betrachtet den Eindruck eines förmlichen Waldes, indem die dicht gedrängten Fäden, Vibrionen und
Spiralen häufig senkrecht oder in schräger Richtung in die Tiefe
einzudringen scheinen.

    In dieser Weise schreitet nun bei einer constanten Temperatur
von 20—24 ⁰ C. die Verflüssigung rasch vorwärts, so dass nach 24
bis 48 Stunden meistens die ganze Gelatine, beiläufig 8—10 ccm,
verflüssigt zu sein pflegt. Diese verflüssigte Gelatine stellt eine
dünnflüssige, hellgelbliche, leicht getrübte, alkalisch reagirende und
eigentümlich übel riechende Masse dar, während am Grunde des
Schälchens sich ein sehr dichtes, aber leicht aufrührbares weissliches
Sediment bildet, welches allmählich an Masse mehr und mehr zunimmt, schliesslich aber, nachdem es eine etwa 2 bis 3 mm dicke
Schicht gebildet hat, sich nicht weiter vermehrt. In diesem Sedimente findet man anfangs auch noch zahlreiche längere Stäbchen
und vereinzelte Fadenformen, aber bereits nach wenigen Tagen ist
von allen diesen Gebilden nichts mehr zu sehen und sind wieder
nur noch jene kleinen dem Bact. termo ähnlichen Kurzstäbchen vorhanden, welche auch das Sediment der ersten Cultur bildeten.

    Dies ist ungefähr das Bild des Entwicklungsganges, wie man
ihn bei genauer Beobachtung des Wachstums der Culturen am
häufigsten zu beobachten pflegt. Gleichwohl aber kommen bei
scheinbar durchaus gleichen Bedingungen sehr häufig kleine Abweichungen vor, welche zwar nicht dem allgemeinen Character des
ganzen Entwicklungscyklus ein anderes Gepräge verleihen, aber doch
für die Beurteilung des Gesammtbildes, welches dieser interessante
Spaltpilz bei seinem Wachstum auf Nährgelatine gewährt, von grosser Wichtigkeit sind.

    So kann z. B. die circuläre Zone der den verflüssigten Bezirk umkreisenden Fadenformen eine sehr schöne, rosettenförmige Figur annehmen. Man beobachtet nämlich mitunter, dass nach Auflösung der radiären Zone und bei sehr regelmässiger Entwicklung des circulären Fadenringes plötzlich von der verflüssigten Gelatine aus dichte Schwärme meist schleifenförmig umgebogener langer Fäden an den verschiedensten Punkten gegen letzteren ungestüm herandrängen und ihn an den entsprechenden Stellen sehr rasch bogenförmig ausbuchten.

Dieser Vorgang wird oft plötzlich eingeleitet und man kann mit System IV beobachten, wie binnen wenigen Minuten die ganze circuläre Fadenzone auf diese Weise sich in eine rosettenförmige Figur umwandelt.

Viel wichtiger jedoch als diese sonderbare Erscheinung ist der grosse Wechsel in dem Auftreten der Zoogloea-Bildungen.

Während nämlich diese merkwürdigen Gebilde häufig sowohl im Strahlenkranze als auch in der Peripherie nur ausserordentlich spärlich und unvollkommen entwickelt auftreten, — oft werden sie fast ausschliesslich durch jene sich fortwährend verschiebenden Stäbchenketten repräsentirt — wird sehr oft schon von Anfang an der ganze radiäre Strahlenkranz fast ausschliesslich aus solchen eigentümlichen Zooglöen gebildet, welche ungemein dicht gelagert sind, zum Teil sehr kräftige Entwicklung und die mannigfaltigste Formenbildung zeigen und dadurch dem ganzen Strahlenkranze ein wunderbares Ansehen verleihen. (cf. Taf. IV Fig. 7.)

Häufig besitzen dieselben zahlreiche, sehr ungleich dicke kugeliche Anschwellungen und endigen in einen dicken Knopf, so dass rosenkranzförmige Figuren zu Stande kommen; fast alle sind mehr oder weniger in längeren oder kürzeren Spiraltouren gewunden und ausserdem noch in den verschiedensten Ebenen und Richtungen gekrümmt, ohne jedoch im Allgemeinen von dem radiären Verlauf abzuweichen. Besonders die zarteren Zooglöen, welche etwa eine Dicke von 0,002 bis 0,005 mm erreichen, bilden oft prachtvoll gewundene Spiralen mit 10 bis 20 kurzen Spiralumgängen. Sehr häufig sieht man auch von den zarteren Formen längere oder kürzere Verzweigungen abgehen, welche oft sehr deutlich nur aus einfachen sich verschiebenden Stäbchenreihen gebildet werden.

In der Peripherie geht ein derartig entwickelter Strahlenkranz in ein wirres Geflecht mannigfaltig gewundener und gekrümmter, und zum Teil verästelter, meist zarter Zooglöen über, von welchen manche lange schmale Ausläufer weithin über die Grenzen des Strahlenkranzes hinaus entsenden.

Die Bildung der circulären Zone pflegt im weiteren Entwicklungsgange einer solchen Cultur entweder nur angedeutet zu sein, oder
aber völlig zu unterbleiben. Dagegen verbreitet sich unterhalb der
an der Oberfläche wandernden Inseln in den oberen Schichten der
Gelatine ein bis an den Rand des Schälchens sich erstreckendes
dichtes Netzwerk zarter Zoogloeabildungen, welche gleich einem
Mycel höher entwickelter Pilzformen ein dichtes, vielfach anastomo-
sirendes Geflecht darstellen.

Diese Zooglöen bilden meistens sehr lange, schmale, nicht selten
spiralig gewundene oder mit knopfförmigen Anschwellungen versehene Stränge, welche sich stets an einem oder beiden Enden
schliesslich in einfache Reihen sich fortwährend verschiebender Kurzstäbchen auflösen; sehr häufig gehen von denselben an den verschiedensten Stellen kleine, oft selbst wieder verzweigte Seitenästchen ab,
welche ebenfalls die mannigfaltigsten Formen besitzen können und
bald aus feinkörnigen dichten Zoogloeamassen, bald aus einfachen
oder doppelten Reihen sehr deutlicher beweglicher Kurzstäbchen
bestehen, oder aber von einzelnen längeren Fäden gebildet werden.

Es kommt durch diese dendritischen Verzweigungen oft zur
Entwicklung ausserordentlich zierlicher Formen, deren allgemeiner
Eindruck an manche Pflanzenformen erinnert; so habe ich nicht selten
Zoogloeabildungen beobachtet, welche in ihrer äusseren Gestalt der
Blüte von Lychnis nicht unähnlich waren.

Endlich kann man in den Culturen nicht selten eine Art der
Zoogloeabildung beobachten, bei welcher es hauptsächlich zur Entwicklung ziemlich dicker schneckenförmig oder korkzieherförmig
gewundener Figuren kommt.

Diese eigenartigen, sehr schön geformten Zooglöen haben in
der Regel spindelförmige Gestalt und laufen an beiden Enden oft in
ungemein lange fadenähnliche einfache Stäbchenreihen aus, welche
häufig mit den gleichen Endausläufern entfernt liegender Zooglöen
direct in geradliniger Verbindung stehen. Oft sind auch zwei oder
drei Zooglöen durch längere oder kürzere, etwas dickere und sehr
deutlich feinkörnige Stränge mit einander verbunden. (cf. Taf. VIII
Fig. 13 und Taf. IX Fig. 14.)

Nicht selten sieht man auch nur an dem einen Ende in einen
langen Stäbchenfaden auslaufende Formen, während das andere Ende
durch eine knopfförmige Anschwellung geschlossen wird.

Auch an diesen Zoogloeabildungen treten im Laufe der Entwicklung Verzweigungen auf, indem an den verschiedensten Stellen,

besonders aber am Ende der Spindeln und an den langen Ausläufern derselben, oft aber auch an den spindelförmigen Körpern selbst, einfache gewundene Stäbchenreihen, oder zarte feinkörnige Zooglöen oder deutliche Fäden herauswachsen, welche oft sehr schöne Spiraltouren beschreiben.

Da sowohl die Kurzstäbchen der zarten Ausläufer, als auch die der Verzweigungen sich fortwährend verschieben und oft völlig lostrennen, so sind auch diese Zoogloeabildungen einem gewissen Wechsel der Form unterworfen, indem bald durch lange Ausläufer verbundene Spindeln wieder getrennt werden, bald ursprünglich getrennte sich mit einander vereinigen und an den verschiedensten Stellen Verästelungen entstehen und wieder verschwinden.

Alle diese merkwürdigen Gebilde können sich ebenfalls in reichlicher Menge entwickeln; es pflegen dann dieselben bereits im Strahlenkranze aufzutreten und von diesem weithin in die Peripherie und in die Tiefe auszustrahlen, so dass in kurzer Zeit die ganze Gelatine von einem ziemlich dichten Netz solcher korkzieherförmiger Zoogloeaspindeln durchzogen ist.

Der in der Form einer Halbkugel sich in die Tiefe senkende verflüssigte Bezirk zeigt dann innerhalb der Gelatine keine scharfe Begrenzung, sondern erscheint schon für das unbewaffnete Auge wie ein in die Tiefe gewuchertes Schimmelpilzmycel; die Gelatine selbst ist bei starker Durchsetzung fast bis in die tiefsten Schichten deutlich getrübt.

Schon bei schwacher Vergrösserung (HARTNACK IV) kann man sich leicht überzeugen, dass alle die beschriebenen Zoogloea-Bildungen aus verschiedenen Vegetationsformen gebildet werden. Es wurde bereits mehrfach darauf hingewiessen, dass die zarten Ausläufer derselben schliesslich in lange fadenförmige Reihen sich auf- und abbewegender Kurzstäbchen endigen; diese Kurzstäbchen haben eine durchschnittliche Länge von 0,008—0,01 mm, doch sieht man häufig auch viel längere Stäbchen, ja selbst kürzere, mitunter spiralig gekrümmte Fäden jene eigentümlichen Stäbchenreihen abschliessen.

Ebenso kann man an sehr dünnen, strangförmigen oder auch gewundenen Zooglöen, welche nahe der Oberfläche liegen, so dass man noch mit System VII an dieselben heranzugehen vermag, leicht erkennen, dass sie aus äusserst kurzen aber ruhenden Stäbchen zusammengesetzt werden.

Die dickeren Zooglöen aber, insbesondere die schneckenförmig und korkzieherförmig gewundenen Formen, lassen nur eine

zarte unbestimmte Körnung erkennen und man muss daher, um ihre
Zusammensetzung zu erfahren, dieselben mit einem Stückchen Gelatine herausheben und in Wasser verflüssigt untersuchen. Dabei
zeigt sich, dass dieselben von ausserordentlich kleinen Kurzstäbchen
und allerkleinsten Formen, an welchen ein deutlicher Unterschied
zwischen Länge und Breite sich nicht mehr bestimmen lässt, gebildet werden.

Es ist unzweifelhaft, dass alle diese wunderbaren Zoogloea-
bildungen ihren ersten Anfang in jenen in so eigentümlicher Weise
sich gegenseitig verschiebenden Stäbchenreihen nehmen; denn man
kann beobachten, dass ein Strahlenkranz, welcher ursprünglich
ausschliesslich von solchen fadenförmigen Reihen gebildet wurde,
bereits nach wenigen Stunden sich völlig in radiär verlaufende,
kolbenförmige, rosenkranzähnliche und spiralig gewundene Zooglöen
umgewandelt hat, welche alle an ihrem centralen Ende noch in einfache sich verschiebende Stäbchenreihen auslaufen.

Die erste Anlage und das weitere Wachstum der Zooglöen
findet offenbar in folgender Weise statt: Zunächst dringen von dem
verflüssigten Bezirke aus Kurzstäbchen in die Gelatine ein, welche
sich anfangs in radiärer Richtung weiterbohren, sich durch Teilung
allmählich vermehren und schliesslich jene fadenförmigen, sich fortwährend verschiebenden Stäbchenreihen bilden. Allmählich kommen vom peripheren Ende her diese Stäbchen zur Ruhe und gliedern sich an Ort und Stelle in noch kürzere Formen ab, während
am centralen Ende die Stäbchen noch ihre Bewegungen vollführen
und bei ihrer Vermehrung auch fernerhin zu etwas längeren Formen
heranwachsen.

Auch die entfernt vom Strahlenkranze in den verschiedenen
Schichten der Gelatine sich entwickelnden Zooglöen scheinen stets
von solchen eingewanderten Stäbchen oder sich späterhin teilenden
Fäden ihren Ausgangspunkt zu nehmen und besonders bei den
grösseren korkzieherförmigen Zooglöen ist das Längenwachstum fast
ausschliesslich durch die langen fadenförmigen, aus schwärmenden
Stäbchen bestehenden Ausläufer bedingt, während das Dicken-
wachstum von den zur Ruhe gekommenen, kleineren Vegetationsformen aus erfolgt.

Dass in der Tat diese korkzieherförmigen und schnecken-
förmigen Zooglöen aus in die Gelatine eingewanderten Stäbchen
und Fäden sich entwickeln, lässt sich auch dadurch beweisen, dass
man von einer ausgeschwärmten Cultur, in welcher es noch nicht

zur Entwicklung dieser Zooglocabildungen gekommen ist, von der
äussersten Peripherie kleine wandernde Inseln entnimmt, dieselben
in sterilisirter Fleischbrühe aufrührt und dann davon in verflüssigter
Gelatine verteilt. Bereits nach 24 Stunden sieht man dann in der
wieder erstarrten Gelatine vereinzelte kleine, kugelförmige Bacteriencolonien und auch kleine korkzieherförmige Zooglocabildungen,
welche rasch an Grösse zunehmen, so dass dieselben sehr bald
auch mikroskopisch zu erkennen sind. Diese Colonien bestehen
zunächst ausschliesslich aus sehr kurzen Stäbchen und kleinen dem
Bact. termo ähnlichen Doppelstäbchen, wie sich dieselben auch bei
Impfung an der Oberfläche der Gelatine entwickeln.

Aber schon nach kurzer Zeit sieht man, wie da und dort aus
den Zoogloeaballen längere Fäden herauskeimen, welche sich bald
von der geschlossenen Colonie völlig ablösen und dieselbe in circulärer Richtung, sich langsam in der starren Gelatine fortbohrend,
umschwärmen; es entwickelt sich dann oft innerhalb weniger Stunden
eine den nun grobkörniger erscheinenden Zoogloeaballen allseitig
umhüllende Zone schwärmender Fäden, welche von oben betrachtet
genau das Ansehen der circulären Fadenzone einer an der Oberfläche
der Gelatine entwickelten Cultur besitzt. Auch hier sieht man neben
geraden Fäden mannigfaltig gewundene Formen und nicht selten
sehr schön entwickelte Spirillen, welche alle in langsam kreisender
Bewegung sich befinden. Oft entfernen sich auch einzelne Fäden
von der kreisenden Zone und bohren sich langsam in der Gelatine
weiter, wobei sie mitunter schräg gegen die Oberfläche aufsteigen,
um hier dann in lebhafter Bewegung umherzuschwärmen.

Nach kurzer Zeit pflegt nun dieser Fadenring, oder richtiger
Fadenmantel, zunächst in der Peripherie ein wirres Geflecht vielfach gewundener, zarter, rankenförmiger Zooglöen zu bilden, indem
die kreisenden Fäden und Schraubenformen allmählich zur Ruhe gelangen und an Ort und Stelle in Kurzstäbchen zerfallen, welche
dann durch Teilung sich weiter vermehren und so zur Bildung jener
eigentümlichen Zooglocaformen führen.

Schliesslich wandeln sich auf diese Weise sämmtliche Fäden
der schwärmenden Zone in solche rankenförmige oder korkzieher-
ähnlich gewundene Zooglöen um, während zugleich neue zunächst
aus einfachen Stäbchenreihen bestehende Zooglöen sich entwickeln
und die älteren Zooglöen nicht selten mehrfache Verzweigungen
eingehen.

So kommt es allmählich zur Entwicklung einer sehr dichten,

den ursprünglichen Zoogloeaballen umhüllenden Zone, welche aus
unzähligen teils zarten, teils oft sehr dicken und plumpen und nicht
selten weithin ausstrahlenden, rankenförmigen, rosenkranzähnlichen
oder spiralig gewundenen Zooglöen besteht und der ganzen Cultur
ein seltsames, im Flächenbild passend mit einem Medusenhaupt zu
vergleichendes Ansehen verleihen. (Taf. IV Fig. 7 u. Taf. V Fig. 9.)

Da während des Schwärmstadiums häufig einzelne Fäden völlig
auswandern, so sieht man nicht selten in der Umgebung der Cultur,
meistens ebenfalls in circulärer Richtung, aber ohne jeglichen di-
recten Zusammenhang mit der ersteren, isolirte korkzieherförmige
oder unregelmässig gewundene Zooglöen gelagert.

Die ganze Cultur hat in diesem Stadium etwa die Grösse eines
Hirsekornes erreicht und erscheint makroskopisch als ein weissliches undurchsichtiges Korn mit ziemlich breitem, mehr durch-
scheinendem Hofe, in welchem die dickeren Zooglöen als feinste
weissliche Fädchen und Flöckchen zu erkennen sind.

In der gleichen Weise, wie die runden Zoogloeaballen, können
auch die von Anfang an korkzieherförmig angelegten Zoogloeaformen
ausschwärmen und sich allmählich mit einem dichten Mantel rankenförmiger Zooglöen umgeben. Das Ausschwärmen und die Entwicklung der Ranken beginnt hier in der Regel an den dickeren
Stellen der Korkzieherformen (Taf. IV Fig. 8), während die feine,
spiralig gewundene Spitze zunächst frei bleibt; schliesslich aber
wird die ganze ursprüngliche Zoogloea von einer breiten circulären
Zone rankenförmiger Zooglöen umgeben, welche ersteren fast völlig
für das Auge verschwinden lassen. (Taf. VI Fig. 10.) Diese hoch-
entwickelten Formen der innerhalb der erstarrten Gelatine wachsenden Culturen sieht man übrigens in der Regel nur dann entstehen,
wenn bei der Aussaat so stark verdünnt wurde, dass die einzelnen
in der Gelatine auskeimenden Culturen sehr weit zerstreut und einzeln zur Entwicklung gelangen. War die Aussaat sehr reichlich,
so dass die Gelatine dicht von Einzelculturen durchsetzt erscheint,
so bleiben letztere klein und unansehnlich und nur da und dort
sieht man es zur Entwicklung kleiner korkzieherförmiger Zooglöen
kommen, während das Ausschwärmen der Zoogloeaballen ganz zu
unterbleiben pflegt.

Ueberall, wo eine Cultur die Oberfläche erreicht, bildet sich
ein einschichtiger Stäbchenrasen, von welchem alsbald in der oben
geschilderten Weise zahlreiche Inseln ausschwärmen, welche in
kurzer Zeit die ganze Oberfläche bedecken und schliesslich die

Verflüssigung der Gelatine von oben her einleiten. Will man daher die Culturen in der Tiefe der Gelatine länger beobachten, so muss man in diesem Falle von Zeit zu Zeit auf die Oberfläche einige Minuten hindurch absoluten Alkohol einwirken lassen, um die hier schwärmenden Stäbchen und Fäden zu töten.

Impft man von einer in der Tiefe der Gelatine befindlichen Zoogloea, gleichviel ob dieselbe noch im Ruhestadium sich befindet oder von einer Zone schwärmender Fäden oder rankenförmiger Zooglöen umgeben ist, auf neue Gelatine, so entwickelt sich regelmässig die Cultur in der oben ausführlich geschilderten Weise. Eine weitere Abweichung, welche man in den Culturen sehr häufig beobachten kann, ist das Auftreten zahlreicher Involutionsformen. Man findet nämlich häufig, dass ein Teil der an der Oberfläche schwärmenden Fäden mit eigentümlichen kugeligen oder birnförmigen Anschwellungen an einem oder an beiden Enden, oder auch an einer beliebigen Stelle versehen ist. Es entstehen auf diese Weise sehr merkwürdige Formen, welche an die Spermatozoen der Wirbeltiere erinnern, oder auch hantelförmige Gestalt besitzen. (cf. Taf. X Fig. 16.)

Vereinzelt findet man diese Involutionsformen fast in jeder Cultur; mitunter treten sie aber, ohne irgend welche wahrnehmbare Veränderung der Lebensbedingungen so massenhaft auf, dass die Fadenformen der schwärmenden Inseln fast ausschliesslich von ihnen gebildet werden. Stets findet man sie in geringerer oder grösserer Menge bei eingetretener Verflüssigung, wenn die Fäden wieder in Kurzstäbchen zerfallen. Dann sieht man häufig mitten im Verlaufe der Fäden mehrere kugelige Anschwellungen, oder man sieht Kurzstäbchen, welche an dem einen Ende eine kleine Kugel tragen oder auch 2 durch eine solche Kugel verbundene Stäbchen; auch finden sich zahlreiche isolirte Kugeln, wie ich dieselben bei der verflüssigten Cultur beschrieben habe.

Diese Involutionsformen sind leichter zu verstehen, wenn man bedenkt, dass alle jene hoch entwickelten Fadenformen, von der einfachen Leptothrix-Form bis zur zierlichen Spirulina, wenn sie auch scheinbar als einheitliche Individuen auftreten, doch tatsächlich gegliedert sind; die einzelnen kugelförmigen oder birnförmigen Anschwellungen entsprechen daher nur einzelnen entarteten, stärker aufgetriebenen Gliedern.

Wenn nun auch in dem Entwicklungsgange der Culturen dieser Bacterienart die beschriebenen Variationen bezüglich der Entwick-

lung des Strahlenkranzes und der Zoogloeaformen, sowie bezüglich
des Auftretens von Involutionsformen sich geltend machen, so lässt
sich doch in dem allgemeinen Character des ganzen Entwicklungsganges eine grosse Beständigkeit nicht verkennen. Denn ich habe
zur Zeit in directer Reihenfolge über 50 Culturen gezüchtet, daneben
aber wohl noch über 100 parallel laufende Culturen beobachtet,
ohne dass ich ausser den angegebenen Schwankungen irgend welche
Veränderung des Gesammtcharacters hätte wahrnehmen können.

2. Proteus mirabilis.

Es ist unmöglich, für die Einzelindividuen dieser zweiten Bacterienart durchgreifende Merkmale anzugeben, welche sie von denen
des Proteus vulgaris streng unterscheiden, wenn auch im Allgemeinen
gewisse Unterschiede in den Grössenverhältnissen der verschiedenen
Entwicklungsformen sich nicht verkennen lassen.

Allein der ganze Entwicklungsgang des Wachstums der Culturen auf festem Nährboden weist so wesentliche und augenfällige,
durch Generationen hindurch sich stets gleichbleibende Unterschiede
auf, dass eine Trennung der beiden Arten gerechtfertigt erscheint.

Auch Proteus mirabilis verflüssigt schliesslich die Nährgelatine,
wenn auch die Verflüssigung viel langsamer erfolgt, als bei der
vorigen Art.

In einer älteren Cultur stellt die Gelatine eine durchaus klare,
hell bräunlich gelbe, dünnflüssige, eigentümlich übelriechende Masse
dar, während die Bacterien einen sehr dichten, weissen, leicht auf-
rührbaren Bodensatz bilden. In diesem Sedimente (Taf. I Fig. 2)
findet man ausschliesslich sehr kleine Formen und zwar stellen die
kleinsten derselben ganz kurz ovale oder rundliche Körperchen dar,
welche keinen deutlichen Unterschied zwischen Länge und Breite
mehr erkennen lassen und einen Durchmesser von 0,0004—0,0009 mm
erreichen; von diesen kokkenähnlichen Individuen, welche teils
unregelmässige Zoogloeaballen bilden, teils einzeln umherliegen,
nicht selten auch zu Tetraden geordnet, zu zweien oder zu kurzen
3—5 gliedrigen Ketten verbunden sind, finden sich alle denkbaren
Uebergangsformen zu kurzen Stäbchen von sehr verschiedener Länge
und Breite, welche meistens in der Form des Bact. termo zu zweien
aneinander gereiht sind. Durchschnittlich erreichen diese Doppelstäbchen eine Länge von 0,0016 mm bei einer Breite von etwa
0,0006 mm, doch findet man auch sehr zahlreiche, weit kleinere

Formen und zumal in jüngeren Culturen auch solche, welche eine Länge von 0,00375 mm und darüber erreichen.

Während die kleinsten kokkenähnlichen Formen teils ruhen, teils nur langsame Bewegungen vollführen, zeigen die einfachen Stäbchen und die Doppelstäbchen, soweit dieselben nicht zu ruhenden Zoogloeamassen vereinigt sind, in der Regel sehr lebhafte Bewegungen, welche ganz den gleichen Character wie bei Proteus vulgaris besitzen.

Viel häufiger als bei letzterer Art findet man hier zwischen den beschriebenen normalen Formen grosse kugelförmige oder ovale, nicht selten auch birnförmige Gebilde, welche einen Durchmesser bis zu 0,00375 mm und darüber erreichen können und als Involutionsformen gedeutet werden müssen.

Impft man nun von diesem Sedimente mittelst Einstichs auf eine neue mit Gelatine gefüllte Schale, so entwickelt sich bei constanter mittlerer Temperatur von der Stelle des Impfstiches aus auf der Oberfläche der Gelatine nach etwa 12 Stunden ein unregelmässig rundlicher 2—3 mm im Durchmesser haltender, dichter, weisslicher Belag, welcher nach aussen allmählich dünner wird, aber scharfe Grenzen zeigt. Unter dem Mikroskope erscheint derselbe bei durchfallendem Lichte in der Mitte feinkörnig, bräunlich und fast undurchsichtig, während er nach aussen zunächst in einen mehrschichtigen, deutlich aus Kurzstäbchen bestehenden Rasen übergeht. Dieser mehrschichtige Bacterienrasen wird in der äussersten Peripherie schliesslich einschichtig, jedoch erfolgt dieser Uebergang zu dem einschichtigen Rasen nicht allmählich, sondern in unregelmässig aber scharf begrenzten, concentrisch gelagerten Zonen, so dass also der ganze Stäbchenrasen nach der Peripherie zu wie treppenförmig abfällt.

Der periphere einschichtige Rasen ist teils buchtig, teils wellig begrenzt und besteht aus sehr deutlichen Stäbchen, welche, je mehr man sich dem freien Rande nähert, um so mehr an Grösse zunehmen und hier eine durchschnittliche Länge von 0,00375—0,00625 mm erreichen, während an den mehrschichtigen Stellen des Pilzrasens die kurzen Stäbchen kaum eine durchschnittliche Länge von 0,0025 mm besitzen. Auch sieht man in der peripheren einschichtigen Zone bereits zahlreiche sehr lange Stäbchen und lange, gewundene Fäden, welche nicht selten zu concentrisch gelagerten Ringen aufgerollt sind. Sowohl die Stäbchen als auch diese Fäden lassen an den verschiedensten Stellen deutliche Bewegungen erkennen, indem sie sich gegenseitig verschieben und die ringförmig gelagerten Fäden oft rotirende Bewegungen vollführen. Dabei sieht man, wie da und dort in der Peripherie aus Stäbchen und Fäden bestehende Ausläufer sich aus dem einschichtigen Rasen herausschieben, sich ablösen, in weitem Bogen ausschwärmen, wieder zurückkehren, oder ferner auf der Oberfläche der Gelatine frei umherschwärmen. Ausserdem aber wird der ganze Bacterienrasen bereits von einer mehrere Millimeter breiten Zone zerstreuter inselförmiger und mannigfaltig gestalteter Stäbchen- und Fadengruppen umgeben, welche sich fortwährend in ziemlich lebhaft schwärmender Bewegung befinden und zwischen welchen vereinzelte, oft sehr lange Fäden in schönen Bogenlinien umhergleiten.

Im Verlaufe des Impfstiches aber, welcher makroskopisch als ein weisslicher in die Gelatine eindringender Streifen erscheint, sieht man dichte, teils strangförmige, teils kleine rundliche, scharf begrenzte, feinkörnige Zoogloeamassen, an welchen keinerlei Bewegung zu erkennen ist.

Während des weiteren Wachstums der Cultur überzieht sich nun gerade so wie bei Proteus vulgaris schon nach wenigen Stunden die ganze Oberfläche der absolut trocken erscheinenden Gelatine mit lebhaft umherschwärmenden Inseln, deren Mannigfaltigkeit in der Form und den Bewegungen sich leichter an den photographischen Abbildungen veranschaulichen lässt, als es durch die Beschreibung möglich wäre. (Taf. II Fig. 4, Taf. III Fig. 6 u. Taf. VII Fig. 11 u. 12.)

Im Allgemeinen trägt das Bild dieser schwärmenden Inseln wohl den gleichen Character, wie bei der vorigen Art, doch erscheinen die Bewegungen selbst bei grosser Geschwindigkeit ruhiger und vollziehen sich mit Vorliebe in grossen Bogenlinien; auch sind die schwärmenden Inseln selbst oder deren Ausläufer oft sehr lang und schmal und besonders häufig trifft man bei dieser Art kleine, sehr lebhaft rotirende ringförmige Figuren, wie solche in Fig. 11 u. 12 abgebildet sind.

Diese kleinen Unterschiede in dem allgemeinen Character der Form und der Bewegungen der schwärmenden Inseln werden wohl hauptsächlich dadurch bedingt, dass bei dieser Art ganz besonders zahlreiche Fäden zur Entwicklung gelangen, welche oft eine ganz enorme Länge erreichen können. So sieht man z. B. in Fig. 6 einen über 0,2 mm langen Faden an eine vornehmlich aus längeren Stäbchen bestehende Insel in weiter Bogenlinie herankriechen; häufig enthalten kleinere oder mittelgrosse Schwärme fast ausschliesslich lange Fäden, insbesondere aber werden die rotirenden Ringe von denselben gebildet. Ebenso treten in den grösseren Schwärmen sehr zahlreiche Fäden auf und häufig sieht man dieselben auch einzeln zwischen den schwärmenden Inseln umhergleiten.

Nicht selten tragen einzelne Fäden an dem einen Ende oder auch an einer beliebigen Stelle dicke, rundliche, birnförmige oder spindelförmige Anschwellungen, welche als Involutionsformen aufzufassen sind; so befindet sich in der grösseren Insel auf Fig. 4 ein in der Mitte dick spindelförmig aufgetriebener und hufeisenförmig umgebogener Faden.

Während nun die ganze Gelatineoberfläche in der geschilderten Weise von den ausschwärmenden Fäden- und Stäbcheninseln überzogen wird, beginnen in der Regel die um den Stichkanal zur Entwicklung gelangten feinkörnigen Zoogloeaballen ebenfalls auszuschwärmen, indem aus denselben lange Fäden auskeimen, welche sich alsbald ablösen und in weitem Bogen die verlassene Zoogloea, sich langsam innerhalb der Gelatine fortbohrend, umkreisen. Durch fortgesetztes Auswandern immer zahlreicherer Individuen aus den ruhenden Zoogloeaballen und wohl auch durch directe Teilung der bereits schwärmenden selbst, bildet sich nach kurzer Zeit um den Impfstich herum eine ziemlich breite, ringförmige Zone kreisender Fäden, innerhalb welcher auch prachtvolle Spirillen und ausserordentlich lange, weit ausgezogene Schraubenformen, seltener sehr zierliche Spirulinen zur Entwicklung kommen.

Diese ringförmige Fadenzone gleicht im Allgemeinen völlig derjenigen, welche bei Proteus vulgaris sich um den verflüssigten Bezirk zu entwickeln pflegt. Allein bei Proteus mirabilis ist zur Zeit der schönsten Entwicklung der schwärmenden Fadenzone noch keine Spur von Verflüssigung der Gelatine vorhanden, auch konnte ich in derselben niemals die bei Proteus vulgaris fast stets sich entwickelnden strangförmigen und rankenförmigen, schmalen Zoogloeabildungen beobachten.

Die an der Oberfläche der Gelatine umherschwärmenden Inseln nehmen nun im weiteren Verlaufe immer mehr an Grösse zu und treten allmählich durch zahlreiche Anastomosen in beständig wechselnde Verbindung, wodurch ein sich fortwährend verschiebendes und die Gestalt veränderndes, aus Fäden und Stäbchen bestehendes Netzwerk gebildet wird; der Rasen in der Mitte gewinnt teils durch directes Wachstum, teils dadurch, dass die schwärmenden und durch Anastomosen vereinigten Inseln allmählich von der Mitte gegen die Peripherie fortschreitend confluiren (cf. Taf. XV Fig. 26), ebenfalls mehr und mehr an Ausdehnung und hat nach etwa 24—36 Stunden einen Durchmesser von über 1 cm erreicht.

Derselbe erscheint dann makroskopisch bei auffallendem Lichte als ein stark glänzender, diffus begrenzter, in der Mitte weisslich-grauer u. nach aussen allmählich blässer werdender Belag, an welchem der treppenförmig abfallende Uebergang vom mehrschichtigen zum einschichtigen Rasen bei seitlicher Beleuchtung sehr deutlich durch scharf gezeichnete Linien angedeutet ist. Die wandernden Inseln machen sich makroskopisch nur dadurch bemerkbar, dass die Ober-fläche der Gelatine, wenn auch nur in geringem Grade, an ihrem ursprünglichen Glanze eingebüsst hat. Bei durchfallendem Lichte aber ist die ganze Cultur mit Ausnahme des Impfstiches und einer schmalen diffusen Trübung um denselben durchaus unsichtbar und die ganze Gelatine erscheint völlig klar und durchsichtig.

Nach kurzer Zeit confluiren nun überall die schwärmenden In-seln zu einem einheitlichen, die ganze Gelatineoberfläche bedecken-den, beständig in wogender und kräuselnder Bewegung befindlichen, aus Stäbchen und langen Fäden bestehenden Rasen, welcher an zahl-reichen Stellen mehrschichtig zu werden beginnt.

Etwa 48 Stunden nach der Impfung stellt dieser Bacterienrasen eine dichte, feucht glänzende graue Decke dar, welche überall von sehr zahlreichen kleinen rundlichen Lücken wie siebförmig durch-brochen erscheint; diese Lücken liegen etwas unter dem Niveau des übrigen Rasens, erscheinen beträchtlich dünner und blässer grau durchscheinend und sind bei durchfallendem Lichte vollkommen durchsichtig, während die übrigen, mehr erhabenen Stellen des Pilz-rasens intensivere weisslichgraue Färbung zeigen und auch bei durch-fallendem Lichte leicht zu erkennen sind. Gegen die Mitte zu nehmen die dünneren Lücken etwas mehr an Umfang zu, confluiren häufig zu unregelmässigen länglichen oder zackigen Feldern, so dass die dicke-ren, weisslichgrauen, fast undurchsichtigen Partieen des Bacterien-rasens allmählich in rundliche oder mehr unregelmässig begrenzte Inseln aufgelöst werden, welche schliesslich direct in den in der Mitte der Cultur gelegenen, schon früher entwickelten Rasen übergehen.

Die ganze Cultur erhält durch dieses ungleichmässige Dicken-wachstum in der Peripherie fast das Ansehen sehr grob chagrinirten Leders. Ueberall lässt sich der Bacterienrasen, als ein schmieriger, leicht verstreichbarer Belag, sehr leicht von der Gelatine entfernen und erscheint dann letztere vollkommen glatt, durchsichtig und durch-aus unverändert.

Bei mikroskopischer Untersuchung findet man sowohl in den dünneren, als auch in den dickeren Stellen des Rasens, besonders aber in letzterem, neben langen Stäbchen und Fäden verschiedenster Länge bereits ungemein zahlreiche Kurzstäbchen und wieder jene kleinen dem Bact. termo ähnlichen Individuen. Ausserdem aber sieht man die dickeren Stellen des Rasens sehr häufig von einer, unterhalb der Oberfläche in den obersten Schichten der Gelatine selbst gelegenen, ringförmigen Zone umgeben, welche aus langsam kreisenden Fadenformen besteht und völlig dem oben beschriebenen, um den Impfstich entwickelten Fadenringe gleicht. Letzterer hingegen hat in diesem Stadium der Cultur in der Regel sehr bedeutend an Ausdehnung gewonnen und reicht oft weit über den ursprünglich die Mitte einnehmenden Bacterienrasen hinaus.

Allmählich wird der ganze Belag auf der Gelatineoberfläche immer dicker und undurchsichtiger, die dünneren Stellen verschwinden immer mehr und nun erst, durchschnittlich 2—3 Tage nach der Impfung beginnt die Verflüssigung der Gelatine, welche aber viel langsamer als bei Proteus vulgaris fortschreitet; meistens ist dieselbe erst nach 5—6 Tagen und häufig noch später vollständig eingetreten.

In derartigen Culturen, in welchen die Gelatine bereits völlig verflüssigt ist, stellt letztere eine vollkommen durchsichtige, klare, gelbliche, dünnflüssige Masse dar, an deren Oberfläche oft mehrere Wochen hindurch der ursprünglich in der Mitte der Cultur entstandene Bacterienrasen in der Form einer dicken scheibenförmigen, weissen Zoogloea sich schwimmend erhält; gewöhnlich bleiben auch von den dickeren Stellen des übrigen Pilzrasens zahlreiche kleinere solche Zoogloeamassen an der Oberfläche zurück, welche alle aus sehr dicht zusammengeballten, ausserordentlich kleinen Kurzstäbchen und dem Bact. termo ähnlichen Formen bestehen. Am Grunde des Schälchens aber bildet sich ein weissliches, leicht aufrührbares Sediment, welches von den am Anfange beschriebenen Bacterienformen gebildet wird.

Dies ist der gewöhnliche Entwicklungscyklus, welchen die Culturen von Proteus mirabilis durchlaufen. Doch kommen auch bei dieser Art unter anscheinend völlig gleichen Bedingungen zweierlei Abweichungen vor, welche das Interesse in hohem Grade in Anspruch nehmen.

Zunächst beobachtet man mitunter das Auftreten ausserordentlich schöner Zoogloeaformen, welche bald nur spärlich vom Impfstiche ausstrahlend sich entwickeln, bald in grosser Menge die ganze Ge-

latine durchsetzen. Diese Zooglöen bilden entweder mehr unregelmässig, oder aber prachtvoll spiralig gewundene, an einem oder an
beiden Enden spitz auslaufende Stränge von sehr verschiedener Länge
und Dicke. (Taf. VIII Fig. 13 u. Taf. IX Fig. 14.) Im Wesentlichen
gleichen dieselben völlig den korkzieherförmigen Zoogloeabildungen
des Proteus vulgaris, doch erreichen sie bei der vorliegenden Art
eine weit beträchtlichere Grösse, erscheinen feinkörniger und zeigen
meistens viel regelmässigere Formen. Oft sieht man sehr gleichmässig gewundene, durchschnittlich 0,04—0,06 mm dicke Spiralen
von 0,5—0,8 mm Länge und darüber, welche in leicht geschlängeltem
Verlaufe, seltener stärker bogenförmig gekrümmt sich durch die Gelatine hinziehen. Diese grossen Zooglöen sind bereits makroskopisch
in der sonst völlig klaren Gelatine als sehr deutliche weissliche, un-
durchsichtige Striche und Flöckchen erkennbar, welche durch die
ganze Gelatine oft in erstaunlicher Menge verbreitet sind. Die mehr
unregelmässig gewundenen Zooglöen sind in ihrem Verlaufe oft sehr
verschieden dick und wechseln häufig dicke bauchig aufgetriebene,
sich abplattende Windungen mit schmalen, sehr zierlich spiralig gewundenen Strecken; fast ausnahmslos sind die spitz auslaufenden
Enden auch bei den sonst unregelmässiger entwickelten Formen sehr
gleichmässig spiralig gewunden. So sieht man in Fig. 13 oberhalb
der quer durch das Sehfeld verlaufenden und nicht ganz scharf ein-
gestellten, sehr gleichmässig spiralig gewundenen Zoogloea mehrere
sehr unregelmässig gestaltete Colonien mit ungleich dicken, zum Teil
bauchig aufgetriebenen Windungen, welche aber in eine zarte, sehr
schön und gleichmässig gewundene Spirale endigen. Ein eigentüm-
liches Ansehen besitzen die oft ungewöhnlich dicken und plumpen,
eiförmigen oder fast runden Zoogloeaballen, welche an dem einen
Pole oft ganz plötzlich in eine kurze, aber äusserst zarte Spirale
auslaufen.

Auch an diesen Zoogloeaformen kann man beobachten, wie die
fein auslaufenden Spitzen besonders anfangs sich in oft sehr lange
einfache Reihen von Kurzstäbchen auflösen, welche sich in der characteristischen, bei Proteus vulgaris ausführlicher beschriebenen Weise,
auf und abbewegen. Nicht selten sind zwei, ja selbst drei entfernt
liegende Colonien durch derartige sich fortwährend verschiebende
Stäbchenreihen mit einander verbunden. Diese Verbindung kann eine
vorübergehende sein, indem die Stäbchen, wenn sie zur Ruhe kommen, sich völlig gegen die Culturen hin zurückziehen, sie kann aber
auch bestehen bleiben und es entwickelt sich dann späterhin an Stelle

der wandernden Stäbchen ein äusserst zarter, feinkörniger, die beiden
Zooglöen verbindender Strang.

Häufig bilden sich an solchen schmalen Verbindungen, sowie an
den spitzen Ausläufern überhaupt einzelne oder zahlreiche,'zarte, reiserähnliche Sprossen von verschiedener Länge, welche mitunter selbst
wieder leicht spiralig gewunden sein können (Fig. 14). Diese zarten
Verzweigungen verlaufen nach den verschiedensten Richtungen und
stellen oft sehr zierliche strahlenförmige Büschel dar. Niemals konnte
ich bei dieser Art ein wirkliches Ausschwärmen der korkzieherförmigen Zooglöen, welche aus äusserst kleinen ovalen, in der Mitte
oft leicht eingeschnürten und sich blässer tingirenden Körperchen,
hauptsächlich aber aus kaum 0,0004 mm im Durchmesser haltenden
kokkenähnlichen Individuen bestehen, beobachten, wie dies bei Proteus vulgaris nicht selten vorkommt.

Völlig unbekannt blieben mir trotz mannigfacher Versuche die
Bedingungen, unter welchen diese wunderbaren Zoogloeaformen zur
Entwicklung gelangen. Während man bei Proteus vulgaris die ver-
wandten Formen fast ausnahmslos erzielt, wenn man einzelne Individuen der an der Oberfläche schwärmenden Gruppen in flüssiger Gelatine fein verteilt, entstehen bei Proteus mirabilis bei ganz gleichem
Verfahren meistens nur runde oder spitz-ovale Zoogloeaballen, welche
entweder im Ruhestadium verharren, schliesslich bis zu Stecknadel-
kopfgrösse heranwachsen und dann Wochen lang unverändert bleiben,
oder aber 2—4 Tage nach der Aussaat auszuschwärmen beginnen
und sich mit einer breiten, aus kreisenden Fadenformen bestehenden
Zone umgeben.

Impft man nun von solchen runden Zooglöen, gleichviel ob dieselben im Ruhestadium oder in ausgeschwärmtem Zustande sich befinden, auf neue Gelatine, so entwickelt sich stets an der Oberfläche
der Gelatine die Cultur in der geschilderten Weise; mitunter aber
entstehen gleichzeitig vom Impfstiche ausstrahlend jene prachtvollen
korkzieherförmigen Zooglöen, welche in kurzer Zeit die ganze Gelatine durchsetzen. Dabei ist hervorzuheben, dass nicht etwa nur
nach Abimpfung von dem einen oder anderen Zoogloeaballen die
Entwicklung derselben erfolgt, sondern entweder liefern sämmtliche
Zoogloeaballen der Aussaat nach der Uebertragung auf neue Gelatine
jene eigentümlichen Colonien, oder nicht eine einzige.

Aber wenn auch auf diese Weise Culturen gewonnen werden,
in welchen die korkzieherförmigen Zooglöen prachtvoll und üppig
entwickelt sind, so bleibt dennoch die Eigenschaft, derartige Zoogloea-

formen zu bilden, in der Regel nur kurze Zeit erhalten; meistens
verschwinden dieselben bei der dritten oder vierten Umzüchtung und
zwar oft ganz plötzlich, um vielleicht später nach Generationen ebenso
plötzlich wieder zu erscheinen. Selbst wenn man die korkzieherförmigen Culturen direct überträgt, entwickelt sich die neue Cultur
nur in der gewöhnlichen Form, ohne dass auch nur eine einzige
derartige Zoogloea zur Entwicklung käme.

Die Uebertragung von korkzieherförmigen Zooglöen allein lässt
sich sehr leicht dadurch bewerkstelligen, dass man auf die Oberfläche
der Gelatine wiederholt absoluten Alkohol längere Zeit einwirken
lässt und mit demselben sorgfältig abspült; da nirgends Dauerformen,
sondern überall nur Vegetationsformen vorhanden sind, so werden
die an der Oberfläche schwärmenden Bacterien dadurch rasch ge-
tötet. Man kann auf diese Weise Culturen, welche die geschilderten
Zoogloeaformen enthalten, viele Wochen hindurch conserviren und
beobachten, indem diese Zoogloeaformen nur selten die Oberfläche
erreichen, wodurch allein ein Ausschwärmen derselben erfolgen kann.
Die korkzieherförmigen Colonien pflegen in derartig behandelten
Culturen mächtig heranzuwachsen und sich prachtvoll zu entwickeln,
ohne dass auf der Oberfläche der Gelatine ein weiteres Wachstum
erfolgte. Ueberträgt man aber von denselben auf neue Gelatine, so
entwickelt sich die neue Cultur in der gewöhnlichen Weise.

Die zweite Abweichung, welche bei der Entwicklung der Culturen
von Proteus mirabilis beobachtet wird, ist durch das massenhafte
Auftreten von Involutionsformen bedingt.

Es bilden sich nämlich sowohl an den Stäbchen als auch an
den längeren Fäden in dem um den Impfstich entstehenden Bacterienrasen, hauptsächlich aber in den schwärmenden Inseln, rundliche,
birnförmige oder spindelförmige Anschwellungen, welche an beliebigen
Stellen der einzelnen Individuen sich entwickeln können, namentlich aber an dem einen, seltener an beiden Enden ihren Sitz haben.
Weitaus am häufigsten findet man grosse, 0,003—0,007 mm im Durchmesser haltende kugelförmige oder birnförmige Auftreibungen an
dem einen Ende längerer Stäbchen und Fäden, wodurch die einzelnen
Individuen ein Spermatozoen ähnliches Ansehen erhalten. (Taf. X
Fig. 16.) Diese rundlichen Anschwellungen enthalten oft ein oder
zwei kleine, etwas dunklere Körperchen, besonders häufig aber sieht
man in ihnen runde, das Licht sehr stark brechende, glänzende
Körperchen, über deren Natur ich mir nicht klar werden konnte.

Ausser dieser häufigsten Involutionsform trifft man nicht selten

auch Individuen, namentlich längere Fäden, welche in der Mitte oder
an beliebigen anderen Stellen dicke spindelförmige Anschwellungen
zeigen. Häufig finden sich auch in ihrer ganzen Länge veränderte
Stäbchen und Fäden, welche zu dicken keulen- oder kolbenförmigen,
oder breiten bandförmigen Gebilden entartet sind.

Alle diese wunderbaren Formen treten nun unter scheinbar unveränderten Lebensbedingungen oft in solcher Menge auf, dass insbesondere die schwärmenden Inseln fast ausschliesslich von denselben gebildet werden können. (Taf. X Fig. 15.) Eine derartige
Cultur gewährt einen höchst merkwürdigen und seltsamen Anblick,
namentlich vermögen die langen, Spermatozoen ähnlichen Fäden in
hohem Grade zu fesseln, wenn sie, mit der köpfchenförmigen Anschwellung voran, über die Gelatine hingleiten oder oft mit ausserordentlicher Geschwindigkeit rotirende Ringe bilden.

Uebrigens scheinen diese Involutionsformen ihre Schwärmfähig-
keit früher zu verlieren, als die normal entwickelten Stäbchen und
Fäden. Man sieht dieselben nämlich nach kurzer Zeit an den verschiedensten Stellen der Oberfläche zur Ruhe kommen und sich zu
festen Inseln gruppiren, von welchen aus dann die Entwicklung eines
dichten, bald mehrschichtig werdenden Stäbchenrasens beginnt. Dadurch erleidet der anfängliche Entwicklungsgang der ganzen Cultur
insofern eine Veränderung, als sich die Gelatineoberfläche mit einem
noch viel ungleichmässigeren Pilzrasen bedeckt, indem um den an
der Impfstelle zuerst entstehenden Rasen herum zahlreiche kleinere,
ziemlich scharf begrenzte, dichte, weisslich graue, scheinbar vollkommen selbständige Colonien sich entwickeln. Sowohl der in
des Mitte gelegene Rasen als auch diese kleinen Plaques sind nach
bereits völlig eingetretener Verflüssigung der Gelatine oft noch lange
Zeit als an der Oberfläche schwimmende Inseln in ihrer ursprünglichen Lage zu erkennen, enthalten dann aber gleich dem am Grunde
des Schälchens sich bildenden Sedimente nur noch jene kleinsten
beschriebenen Bacterienformen. Als Ueberreste der Involutionsformen
findet man nur vereinzelte, isolirte kugelförmige, ovale, spindel- oder
birnförmige Gebilde.

Von besonderem Interesse ist es nun ferner, dass die Fähigkeit,
diese geschilderten Involutionsformen zu bilden, bei Proteus mirabilis,
wenn sie erst einmal eingetreten ist, sich scheinbar unbegrenzte Zeit
hindurch von Cultur zu Cultur weiter zu vererben vermag, jedoch
nur dann, wenn die Weiterzüchtung durch directe Uebertragung auf
neue Gelatine erfolgt. Ja es ist mir diese Art, als ich sie zum ersten

Male aus faulem Fleische züchtete, überhaupt zuerst in dieser Form
zur Beobachtung gelangt und wurde die normale Entwicklung der
Culturen erst dadurch erzielt, dass ich die schwärmenden Köpfchen-
bacterien nach der Koch'schen Methode in flüssiger Gelatine fein
verteilte unddann von den in der erstarrten Gelatine zur Entwicklung
gelangenden Zoogloeaballen auf neue Gelatine überimpfte.

Bei diesem Verfahren geht die Fähigkeit, so massenhaft Involutionsformen zu bilden, regelmässig verloren und man sieht in den
in dieser Weise gewonnenen Culturen nur ganz vereinzelte entartete
Fäden auftreten, wie ich dies oben beschrieben habe.

Dagegen habe ich durch directe Uebertragung kleiner schwärmender Inseln, welche ausschliesslich aus solchen Involutionsformen be-
standen, auf die Oberfläche bereits erstarrter frischer Gelatine Reinculturen gewonnen, welche ich seit etwa 7 Monaten bis zur 30. Cultur
weitergezüchtet habe, ohne dass jene Fähigkeit massenhaft Involutionsformen zu bilden auch nur im Geringsten nachgelassen hätte.
Diese Culturen liefern übrigens bei der Weiterzüchtung die Involutionsformen in gleicher Menge auch dann, wenn man von dem
Sedimente einer älteren verflüssigten Cultur auf die Oberfläche neuer
Gelatine überimpft.

3. Proteus Zenkeri.

Diese Art unterscheidet sich von Proteus vulgaris und mirabilis
insbesondere dadurch, dass sie niemals die Gelatine verflüssigt und
nicht die Fähigkeit besitzt, innerhalb der Gelatine jene eigentümlich
gestalteten Zoogloeaformen zu bilden, wie sie bei jenen beiden Arten
beobachtet werden.

Aeltere Culturen von Proteus Zenkeri erscheinen als ein ziemlich
dicker, weisslichgrauer, die ganze Gelatineoberfläche überziehender
Belag, welcher in der Mitte am stärksten ist und in der Peripherie
zerstreute, etwas dünnere Stellen deutlich erkennen lässt. Dieser
Belag lässt sich sehr leicht von der Gelatine, welche in der ober-
flächlichsten Schichte nur wenig gelockert ist, entfernen und in Wasser fein verteilen.

Es besteht derselbe ausschliesslich aus äusserst kleinen Bacterienformen, welche teils rundliche, kaum 0,0004 mm im Durchmesser
haltende Körperchen darstellen, teils im Ganzen etwa 0,00165 mm
lange, dem Bact. termo Ehr. ähnliche Doppelstäbchen bilden. Ausserdem findet man alle möglichen Uebergänge zwischen diesen beiden
Formen und ganz besonders häufig sind kurze, an beiden Enden

abgerundete und in der Mitte leicht eingeschnürte, durchschnittlich 0,001 mm lange Stäbchen, sowie zu zweien aneinander gereihte kleine rundliche oder ovale Körperchen; letztere sind nicht selten auch zu Tetraden geordnet, wie sie auch bei den beiden vorigen Arten, jedoch weniger häufig beobachtet werden. In Wasser fein verteilt, vollführen diese kleinen Formen die gleichen Bewegungen, wie sie bei den beiden vorigen Arten ausführlich geschildert wurden.

Impft man von diesem, lediglich aus den beschriebenen Formen bestehenden Belag auf neue Gelatine, so entwickelt sich um den Impfstich genau in der gleichen Weise wie bei Proteus mirabilis zunächst ein nach aussen hin treppenförmig abfallender Stäbchenrasen, in welchem es sehr bald zur Entwicklung langer Stäbchen und sehr langer Fadenformen kommt. (Taf. XII Fig. 20). Nach wenigen Stunden schon beginnen zahlreiche Stäbchen und Fäden auszuschwärmen und nach etwa 24 Stunden ist auch bei dieser Art die ganze Oberfläche der Gelatine von schwärmenden, aus Stäbchen und Fäden bestehenden Inseln dicht besetzt, welche sowohl in der Form, als auch in dem Character der Bewegungen so sehr den schwärmenden Inseln von Proteus mirabilis gleichen, dass sie von denselben in keiner Weise zu unterscheiden sind. (Taf. XI Fig. 17 u. 18, Taf. XIII Fig. 21 u. 22.) Auch hier sieht man in den schwärmenden Inseln sehr lange, oft zu Gruppen vereinigte Fadenformen und häufig bilden dieselben, gerade wie bei der vorigen Art, zahlreiche sehr zierliche ringförmige Figuren (Taf. XV Fig. 25), welche rasch rotirende Bewegungen vollführen.

Die Entwicklung von Spirillen konnte ich bei dieser Art nicht beobachten; dagegen fand ich einmal nahe der Peripherie des in der Mitte sich bildenden Bacterienrasens eine sehr schöne lange Spirulina, welche auf Taf. XIV Fig. 24 abgebildet ist. Jedenfalls kommt es bei Proteus Zenkeri zur Entwicklung dieser eigentümlichen Formen weit seltener, als bei den beiden vorigen Arten; es mag dies darin seinen Grund haben, dass Proteus Zenkeri die Gelatine nicht verflüssigt und weniger lockert, während Proteus mirabilis und vulgaris dieselbe verflüssigen und stark auflockern, wodurch eine freiere Bewegung der langen Fadenformen innerhalb der Gelatine ermöglicht wird.

Die schwärmenden Inseln nehmen sehr rasch an Grösse zu und treten durch zahlreiche, fortwährend wechselnde Ausläufer mit einander in Verbindung (Taf. XV Fig. 26), bis sie schliesslich zu einem gemeinsamen Rasen confluiren; etwa 36 Stunden nach der Impfung

sieht man die ganze Oberfläche der Gelatine mit einem einheitlichen
Bacterienrasen bedeckt, welcher nach aussen von fortwährend sich
verschiebenden Stäbchen und Fäden gebildet wird, während von der
Mitte her bereits der Zerfall zu den kleinsten Formen beginnt. Von
hier gegen die Peripherie hin fortschreitend wird der Rasen auch
allenthalben mehrschichtig und erscheint dann an diesen Stellen etwas
erhabener und weniger durchsichtig; nach etwa drei Tagen hat
derselbe ganz das Ansehen erhalten, wie es oben für eine ältere
Cultur angegeben wurde und besteht nun überall aus jenen kleinen
Formen, welche keinerlei Bewegung auf der Gelatine erkennen lassen.

II. Untersuchungen

über das

Verhalten der Proteus-Arten bei verschiedenen Lebensbedingungen.

Alle bisher geschilderten Beobachtungen beziehen sich auf Culturen, welche auf 5 proc. Nährgelatine, deren Zusammensetzung ich bereits oben angegeben habe, gezüchtet wurden; nur während der heissesten Sommerszeit wurde, um Verflüssigung der Gelatine zu vermeiden, deren Gelatinegehalt nach Bedarf auf 7—8 Proc. erhöht. Da es aber für die richtige Beurteilung der Morphologie und Biologie einer Spaltpilzart durchaus erforderlich ist, deren Verhalten auf verschiedenem Nährsubstrat und unter verschiedenen sonstigen äusseren Lebensbedingungen zu beobachten, stellte ich diesbezüglich noch folgende Untersuchungen an.

Zunächst züchtete ich die Arten auf Nährgelatine, deren Gelatinegehalt bei sonst gleicher Zusammensetzung auf 10 Proc. erhöht war.

Hier machte sich nun sofort der höchst merkwürdige Unterschied in dem Wachstum der Culturen bemerkbar, dass bei keiner der drei Arten mehr ein Ausschwärmen erfolgte.

Proteus vulgaris bildet auf 10 proc. Nährgelatine an der Impfstelle einen sehr langsam wachsenden, runden, verflüssigten Bezirk, welcher sich in der Form eines Kugelsegmentes in die Gelatine einsenkt und in dessen Peripherie es zur Entwicklung einer sehr schmalen, aus längeren, in die aufgelockerte Gelatine sich einbohrenden Fäden bestehenden, radiären Strahlenzone kommt. An der Oberfläche der Gelatine aber entsteht um diesen verflüssigten Bezirk nur ein ganz schmaler Saum eines von Stäbchen und Fäden gebildeten Bacterienrasens, welcher nach aussen hin in kurzen, flammenförmigen Ausläufern ausstrahlt. Es scheint weder auf der freien Oberfläche der nicht verflüssigten Gelatine, noch in der Tiefe derselben irgend welche Bewegung ausgeführt zu werden; wenigstens konnte ich niemals ein Ablösen jener kurzen Ausläufer von der Cultur beobachten. Eben so wenig scheint es zur Bildung der sonst so häufigen Spirillen und der an und für sich selteneren Spirulina zu kommen, auch unterbleibt die Entwicklung der merkwürdigen Zoogloeaformen, welche bei Züchtung auf 5 proc. Nährgelatine im Strahlenkranze zu entstehen pflegen und oft sich weit in die Peripherie innerhalb der Gelatine verbreiten.

Proteus mirabilis bildet unter den gleichen Bedingungen zunächst einen dicken, weisslichen, von äusserst kleinen Formen gebildeten Bacterienrasen, von welchem nach einigen Tagen ebenfalls kurze, aus Fäden bestehende, unregelmässig gestaltete Ausläufer ausstrahlen. Unter diesen Fäden finden sich sehr zahlreiche Involutionsformen mit mannigfaltigen Anschwellungen an den verschiedensten Stellen. Hier scheinen mitunter ganz geringfügige, langsame Ortsveränderungen einzutreten, wenigstens kann man nicht selten kleine Gruppen völlig von der ursprünglichen Cultur getrennt in deren nächster Umgebung erkennen. Zu einem eigentlichen Ausschwärmen kommt es aber auch bei dieser Art nicht. Bei dem weiteren Wachstum tritt äusserst langsame Verflüssigung der Gelatine ein, welche übrigens bereits beginnt, nachdem die Cultur einen Durchmesser von etwa 3 mm erlangt hat.

Proteus Zenkeri endlich bildet auf 10 proc. Nährgelatine nur einen einfachen, etwas zackig begrenzten, dicken, grauen Rasen, welcher ausschliesslich aus äusserst kleinen, sehr häufig zu Tetraden vereinigten Kokken ähnlichen Individuen und sehr kurzen, häufig in der Form des Bact. termo zu Doppelstäbchen aneinander gereihten Kurzstäbchen besteht. Bei dieser Art kommt es nicht einmal zur Entwicklung von Fadenformen und für das Ausschwärmen der Cultur unterbleibt jegliche Andeutung.

Ferner untersuchte ich die drei Arten auf Nährgelatine, welche durch Zusatz von saurem phosphorsaurem Natron schwach sauer gemacht worden war.

Auch hier gedeihen sämmtliche drei Arten, jedoch ist das Wachstum ein äusserst langsames, insbesondere vergehen bei Proteus Zenkeri viele Tage, bis überhaupt ein solches deutlich wahrnehmbar ist. Die Entwicklung des Proteus vulgaris erfolgt fast in der gleichen Weise, wie auf 10 proc. alkalischer Nährgelatine; dabei erhält die Gelatine in dem verflüssigten Bezirk alkalische Reaction. Proteus mirabilis hingegen bildet auf saurem Nährboden nur einen über die Oberfläche stark erhabenen, dicken, grauweissen Rasen, welcher aus-

schliesslich aus Kokken und äusserst kleinen Kurzstäbchen mit Uebergangsformen zwischen beiden besteht; das gleiche Verhalten zeigt
sich bei Proteus Zenkeri, nur dass hier das Wachstum noch mehr
verlangsamt erscheint. Impft man von den auf 10 proc. oder saurerer
Nährgelatine gezüchteten Culturen zurück auf 5 proc. Gelatine, so
erfolgt sofort wieder das Ausschwärmen und das ganze Wachstum
der Culturen geht in der geschilderten Weise von statten. Ob durch
fortdauerndes Weiterzüchten auf dem veränderten Nährboden jene
Abweichungen in der Entwicklung der Culturen schliesslich in der
Weise constant werden, dass auch bei Rückimpfung auf 5 proc. Nährgelatine kein Ausschwärmen mehr erfolgt, müssen weitere Untersuchungen ergeben.

Sehr gut gedeihen sämmtliche Arten in Fleischbrühe verschiedener Zusammensetzung; die Vermehrung in diesem Nährmedium ist
eine ausserordentlich schnelle; nach der Impfung tritt bereits nach
24 Stunden eine intensive Trübung der Flüssigkeit ein und bald
bildet sich ein sehr lockeres, weissliches Sediment. Ich beobachtete
hier die Entwicklung von Kokken ähnlichen Körperchen, Stäbchen
und Fäden der verschiedensten Länge, sowie von leicht gewundenen Vibrionenformen, während ich Spirillen und Spirulinen nicht
finden konnte. Die Entwicklung der so characteristischen Zoogloeaformen unterbleibt selbst verständlich völlig, überhaupt lässt sich bei
Züchtung in flüssigem Nährsubstrat nicht der geringste Unterschied
zwischen den drei beschriebenen Arten constatiren, während dieselben doch auf festem Nährboden gezüchtet sich sehr wohl als
scharf characterisirte Arten unterscheiden.

Bei dem Versuche, die Arten in den von NÄGELI und COHN angegebenen Normallösungen [1]) zu züchten, konnte ich kaum eine minimale Vermehrung derselben beobachten, welche sich durch eine kaum
wahrnehmbare, sehr langsam eintretende Trübung der Flüssigkeit
kundgab und sehr bald völlig sistirte.

---

1) Normallösung nach NÄGELI:	Dikaliumphosphat	0,1
	Magnesiumsulfat	0,02
	Chlorcalcium	0,01
	Weinsaueres Ammoniak . . .	1,0
	Aqua	100,0
Normallösung nach COHN:	Saueres phosphorsaueres Kali .	0,1
	Dreibasisch phosphors. Kalk .	0,01
	Schwefelsauere Magnesia . .	0,1
	Weinsaueres Ammoniak . . .	1,0
	Aqua	100,0

Sehr interessant ist das Verhalten der Proteus-Arten unter voll-
ständigem Abschluss des O der Luft bei Züchtung derselben in reinem
H- oder CO_2-Gas. Ich bediente mich bei diesen Untersuchungen folgenden Verfahrens, welches sich durch seine Einfachheit und Zuverlässigkeit auszeichnet: Zwei gewöhnliche Reagenscylinder *a* und *b*,
von welchen der eine (*a*) etwa 20 cm lang ist, aus etwas stärkerem,
leicht schmelzbarem Glase besteht und beiläufig in der Mitte mit
einem zugeschmolzenen, zu einer freien Spitze ausgezogenen Ansatzröhrchen *c* versehen ist, sind durch eine schmale Glasröhre *d* in der
aus der Figur ersichtlichen Weise mit einander verbunden. Der Cylinder *a* wird oben mit einem Wattepfropf verschlossen, während
der Cylinder *b* fast bis zur Mündung völlig mit Watte ausgefüllt wird.

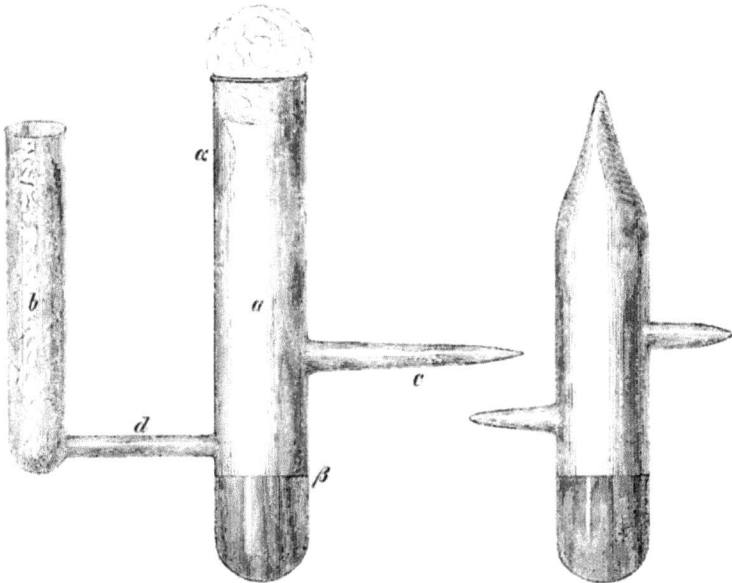

Nachdem dieser Apparat durch Erhitzen auf 170° sterilisirt worden
ist, wird der Cylinder *a* bei *α* in der Flamme ziemlich dünn ausgezogen und hierauf bis zur Höhe *β* mit Nährgelatine gefüllt. Nachdem man sich nach mehreren Tagen überzeugt hat, dass bei dem
Ueberfüllen der Gelatine keine Verunreinigung erfolgte, lüftet man
wieder den Wattepfropf und impft mittelst eines langen Platindrahtes
auf die am Grunde des Cylinders befindliche Gelatine; hierauf wird
der Cylinder *a* sofort bei der bereits ausgezogenen Stelle *α* völlig
abgeschmolzen, was nun sehr leicht und rasch geschehen kann, ohne

dass eine zur Verflüssigung führende Erwärmung der am Grunde des Glases befindlichen Gelatine einträte. Nachdem nun die Röhrchen *c* und *d* in der auf der Figur angegebenen Weise ebenfalls in der Flamme dünn ausgezogen wurden, verschliesst man den Cylinder *b* mit einem Kautschukpfropf, welcher von einem durch einen Gummischlauch mit dem betreffenden Gasentwicklungsapparat verbundenen Glasröhrchen durchbohrt ist. Sobald man nun die feine Spitze des Röhrchens *c* abbricht, wird das zu benützende Gas einströmen, wobei dasselbe jedoch durch den langen im Cylinder *b* befindlichen Wattepfrof filtrirt wird, so dass alle Verunreinigungen, insbesondere Bacterien, in demselben zurückgehalten werden.

Da der mit dem betreffenden Gase zu erfüllende Raum sehr klein ist, so genügt $\frac{1}{4}$ Stunde vollständig, um alle atmosphärische Luft aus den Cylindern *a* und *b* zu vertreiben und durch die gewünschte Gasart zu ersetzen. Leitet man z. B. Wasserstoffgas ein, so kann man sich sehr leicht dadurch von der vollständigen Füllung des Cylinders *a* überzeugen, dass man an der Ausströmungsöffnung denselben entzündet. Während nun der Strom im vollen Gange ist, schmilzt man zuerst das Ansatzröhrchen *c* an der schon vorher ausgezogenen Stelle ab und darauf auch das Verbindungsröhrchen *d*.

Auf diese Weise kann man Gelatineculturen in beliebige Gasarten dauernd einschliessen und deren Wachstum bequem beobachten, ohne dass ein Entweichen des Gases denkbar wäre.

Culturen von Proteus vulgaris entwickeln sich in derartigen mit H gefüllten Reagenscylindern nur sehr langsam; gleichwohl wird schliesslich die ganze Gelatine verflüssigt, allein die Vermehrung der Bacterien ist im Vergleiche mit den bei atmosphärischer Luft gezüchteten Culturen eine ausserordentlich geringe. Selbst nach Wochen bilden sich nur Spuren eines weisslichen, lockeren Sedimentes, während die verflüssigte Gelatine kaum getrübt erscheint, und nach sehr kurzer Zeit sistirt die Vermehrung völlig. Wahrscheinlich erfolgt die Vermehrung der Bacterien auf Kosten des in der Gelatine enthaltenen freien O, nach dessen Aufzehrung kein weiteres Wachstum mehr erfolgt, obwohl das übrige vorhandene Nährmaterial offenbar noch lange nicht aufgebraucht ist und für eine weit stärkere Vermehrung der Bacterien ausreichen würde.

Direct schädlich scheint weder das H-Gas als solches, noch der völlige O-Mangel auf Proteus vulgaris einzuwirken; denn selbst nach 6 Monaten, innerhalb welcher gewiss aller in der Gelatine enthaltener O längst verbraucht worden ist, zeigen sich die in H ein-

geschlossenen Culturen noch lebensfähig. Nach Eröffnung des Glases
tritt nach wenigen Tagen eine sichtliche Vermehrung der Bacterien
ein, welche sich durch beträchtliche Vermehrung des Sedimentes und
stärkere Trübung der verflüssigten Gelatine bemerkbar macht; impft
man sofort nach der Eröffnung des Glases auf frische Gelatine ab,
so entwickelt sich die Cultur anfangs zwar langsam und unter Auftreten zahlreicher Involutionsformen, aber sonst völlig in der so characteristischen Weise, wie sie oben ausführlich geschildert wurde.

In ganz ähnlicher Weise, wie in H-Gas, entwickeln sich die
Culturen des Proteus vulgaris in zugeschmolzenen, aber mit atmosphärischer Luft gefüllten Reagenscylindern; auch hier wird die
Gelatine wohl völlig verflüssigt, aber die numerische Vermehrung
der Bacterien bleibt weit hinter derjenigen zurück, welche bei den
unter Zutritt der Luft gezüchteten Culturen erfolgt.

Es scheint übrigens auch bei den in H-Gas eingeschlossenen
Culturen zur Entwicklung der mannigfaltigen Vegetationsformen zu
kommen, wie dieselben bei Luftculturen beobachtet werden. Wenigstens konnte ich in einer bereits verflüssigten derartigen Cultur neben
kleinsten Formen auch Stäbchen und Fäden verschiedener Länge
und auffallend zahlreiche, sehr zarte Spirochäten wahrnehmen. Proteus mirabilis und Zenkeri verhalten sich im H-Gase ganz ähnlich,
wie Proteus vulgaris: auch bei diesen Arten kommt die Entwicklung der Cultur zu Stande, doch ist deren Wachstum wesentlich
verlangsamt und bei Proteus mirabilis scheint die Verflüssigung der
Nährgelatine völlig zu unterbleiben; wenigstens konnte ich bis jetzt
an Culturen, welche bereits 5 Wochen in H-Gas eingeschlossen sind
und im geheizten Zimmer stehen, noch nicht die geringste Andeutung davon wahrnehmen.

In CO_2 eingeschlossene Culturen der drei Arten entwickeln sich
nur ausserordentlich langsam, insbesondere ist bei Proteus Zenkeri
anfangs kaum eine Vermehrung wahrzunehmen; verhältnissmässig
am stärksten ist auch hier das Wachstum bei Proteus vulgaris,
welcher in die Gelatine herein von der Impfstelle aus strahlig verlaufende Zooglöen entsendet und schliesslich die Gelatine in der Form
einer in die Tiefe dringenden Blase zum Teil verflüssigt. Uebrigens
scheint bei sämmtlichen drei Arten ein Ausschwärmen zu erfolgen;
wenigstens entwickeln sich Prot. mirab. und Zenkeri über die ganze
Oberfläche in der characteristischen Weise, doch tritt bei Prot. mirab.
keine Verflüssigung der Gelatine ein.

Nach kurzer Zeit sistirt jedoch bei den in CO_2 eingeschlossenen Culturen die weitere Vermehrung völlig, ohne dass auch bei Prot. vulgaris eine völlige Verflüssigung der Gelatine einträte. Ob die in CO_2 eingeschlossenen Culturen schliesslich absterben, habe ich noch nicht untersucht.

Wesentlichen Einfluss auf das Wachstum der Culturen sämmtlicher drei Arten hat die Temperatur; am besten gedeihen dieselben bei einer constanten Temperatur von 20—24° C. und lässt sich auch bei dieser Temperatur das Schwärmstadium am schönsten beobachten. Je niedriger die Temperatur ist, um so langsamer schreitet das ganze Wachstum der Culturen vorwärts und um so träger werden die Bewegungen der schwärmenden Inseln. Immerhin beobachtete ich selbst bei 8° C. noch ein Ausschwärmen der Culturen, jedoch bildeten die losgelösten Schwärme rundliche Plaques, welche kaum eine Bewegung erkennen liessen.

Auf die Lebensfähigkeit überhaupt scheint übrigens selbst sehr beträchtliche und anhaltende Temperaturerniedrigung keinen besonderen Einfluss zu haben. Wenigstens machte ich die Beobachtung, dass in einer älteren, bereits verflüssigten Cultur des Proteus vulgaris, welche 55 Stunden lang bei einer Temperatur von — 15 bis — 20° C. im Freien gestanden hatte und durch und durch steinhart gefroren war, die Bacterien nicht im Mindesten an Entwicklungsfähigkeit eingebüsst hatten; denn nach Uebertragung eines kleinen Splitters der gefrorenen Masse auf frische Nährgelatine zeigte sich im warmen Zimmer bereits nach 12 Stunden fast die ganze Oberfläche der Gelatine mit schwärmenden Inseln bedeckt.

Auch das Eintrocknen wird von sämmtlichen drei Arten sehr gut vertragen; wenn man auf kleine sterilisirte Glassplitterchen Bacterien bringt und hier antrocknen lässt, so kann man noch nach 14 Tagen vollkommene Entwicklungsfähigkeit beobachten, nur erfolgt das erste Wachstum der Culturen etwas langsamer, als bei Ueberimpfung frischen Materials.

Sporenbildung konnte ich bei keiner der drei Arten beobachten; bei Einwirkung höherer Temperatur hört auch regelmässig die Entwicklungsfähigkeit der Bacterien auf. Ebenso scheinen in ganz alten Culturen dieselben allmählich abzusterben, wenigstens konnte ich nach Ueberimpfung von Culturen, welche ½ Jahr nur mit einem Wattepfropf verschlossen gestanden hatten und zu einer dickbreiigen Masse eingedickt waren, auf Nährgelatine keine Entwicklung mehr beobachten.

III. Ueber die systematische Stellung
der
Gattung Proteus nebst allgemeinen Betrachtungen über die Morphologie der Spaltpilze.

Bevor ich zu der Besprechung der systematischen Stellung der Gattung Proteus übergehe, ist es bei den gegenwärtig in der Wissenschaft sich diametral gegenüberstehenden Anschauungen über die Morphologie der Spaltpilze im Allgemeinen durchaus erforderlich, zunächst auf diese principiell verschiedenen Lehren kurz einzugehen. Bekanntlich gab COHN im Jahre 1875 eine systematische Einteilung der bekannten Bacterienarten, welche auf die verschiedenen bei den Bacterien beobachteten Formen begründet war; von der Ansicht ausgehend, dass diese verschiedenen Formen constante characteristische Eigenschaften bestimmter Bacteriengattungen bildeten, teilte COHN[1]) die Spaltpilze in vier Tribus und sechs Gattungen ein und zwar in folgender Weise:

Tribus I. Sphaerobacteria (Kugelbacterien)
          Gattung 1. Mikrococcus.
Tribus II. Mikrobacteria (Stäbchenbacterien)
          Gattung 2. Bacterium.
Tribus III. Desmobacteria (Fadenbacterien)
          Gattung 3. Bacillus
          Gattung 4. Vibrio.
Tribus IV. Spirobacteria (Schraubenbacterien)
          Gattung 5. Spirillum
          Gattung 6. Spirochaete.

Allein COHN war sich bei der Aufstellung dieses Systems wohl bewusst, dass die biologischen und entwicklungsgeschichtlichen Ver-

---

1) Dr. FERD. COHN, Untersuchungen über Bacterien, Beiträge zur Biologie d. Pflanzen, Bd. I, Hft. II, S. 127. Breslau 1875.

hältnisse der Bacterien noch viel zu wenig erforscht wären, als dass man auf Grund der damaligen Kenntnisse über diese kleinsten Organismen schon eine endgiltige systematische Einteilung hätte geben können. Er fühlte sehr wohl, dass sein System gegenüber der systematischen Einteilung höher entwickelter Pflanzen und Tiere einer auf entwicklungsgeschichtliche Tatsachen gestützten Grundlage entbehrte und legte daher von vorne herein den von ihm aufgestellten Gattungen und Arten nur den Wert von sogenannten „Formgattungen und Formspecies" bei.

Cohn selbst hebt diese Anschauung an mehreren Stellen seiner Arbeit mit Nachdruck hervor; so sagt er unter Anderem[1]): „Aufgabe weiterer Forschungen wird der Nachweis sein, ob und welche dieser Formgattungen und -Arten etwa im entwicklungsgeschichtlichen Zusammenhange stehen."

Die von Cohn in rein hypothetischer Form aufgestellte Theorie von der Constanz der Spaltpilzformen und das darauf begründete System erfreute sich sehr bald zumal in medicinischen Kreisen allgemeiner Anerkennung und wird von zahlreichen Autoren an dieser provisorischen systematischen Einteilung bis in die jüngste Zeit festgehalten, als ob dieselbe auf unerschütterliche, unwiderlegliche Tatsachen begründet wäre.

Gleichwohl wurde schon in den nächstfolgenden Jahren von Billroth[2]) und dann von Nägeli[3]) die Cohn'sche Theorie von der Constanz der Spaltpilzformen bestritten; insdesondere Nägeli behauptete, dass die verschiedenen Formen, wie Coccus, Bacillus, Vibrio, Spirillum u. s. w. von den verschiedensten Spaltpilzarten gebildet werden könnten.

Nägeli stützte seine Behauptung vor allem darauf, dass einerseits alle jene höher entwickelten Formen eine Gliederung in Kokken besässen, welche bei geeigneter Behandlung mit Reagentien deutlich hervorträte, und dass anderseits in Reinculturen, welche bestimmt nur eine Spaltpilzart enthalten sollten, alle jene Formen, welche Cohn seiner systematischen Einteilung zu Grunde legte, gelegentlich sich entwickeln könnten.

Dieser neuen Theorie Nägeli's von der Veränderlichkeit der

---

1) l. c. S. 130.

2) Billroth, Ueber die Vegetationsformen der Coccobacteria septica. Berlin 1874.

3) Nägeli, Die niederen Pilze. München 1876. Untersuchungen über niedere Pilze. Leipzig-München 1882.

Spaltpilzformen schlossen sich auf Grund eigener Beobachtungen
BUCHNER[1]), CIENKOWSKI[2]), NEELSEN[3]) und andere Autoren an.

Allein alle diese Untersuchungen, welche die Inconstanz der
Spaltpilzformen und die entwicklungsgeschichtliche Zusammengehörigkeit der COHN'schen Formgattungen beweisen sollten, waren an Culturen vorgenommen worden, welche nach der NÄGELI'schen Verdünnungsmethode oder vollends nach der von KLEBS angegebenen
sogenannten fractionirten Methode in flüssigem Nährsubstrat rein dargestellt und gezüchtet worden waren.

Nun hat aber KOCH[4]) bei seinen bekannten bahnbrechenden Untersuchungen auf dem Gebiete der Spaltpilzforschung mit Recht darauf hingewiesen, wie unsicher und unzuverlässig alle jene Züchtungs-
methoden, bei welchen nur ein flüssiges Nährsubstrat zur Anwendung
komme, für die Darstellung von Reinculturen der Spaltpilzarten seien;
zugleich zeigte er in der Anwendung eines festen Nährbodens überhaupt erst den richtigen Weg, wie man Reinculturen von Bacterien
gewinnen kann, deren Reinheit nicht nur aus theoretischen Gründen
und Erwägungen anzunehmen ist, sondern deren Reinheit sich auch
beweisen lässt, indem bei Anwendung dieser Methode die Culturen
der einzelnen Arten geschlossen auftreten und sich meistens durch
sehr augenfällige Merkmale von einander unterscheiden, auch wenn
die Einzelindividuen der Arten sich nicht mehr unterscheiden lassen.

Da nun KOCH bei den von ihm, nach seiner, gewiss durchaus
zuverlässigen Methode gezüchteten Arten, insbesondere bei den pathogenen Spaltpilzen gerade das Gegenteil von Veränderlichkeit,
nämlich bis zu einem bestimmten Grade eine grosse Beständigkeit
der Spaltpilzformen innerhalb der einzelnen Arten constatiren konnte,
so nahmen er und seine Schule mit einer gewissen Berechtigung
Stellung gegen die Theorie von der Inconstanz der Spaltpilzformen,
welche gegenüber den auf sicheren, beweiskräftigen Tatsachen be-
gründeten Beobachtungen KOCH's nur den Anspruch einer fast völlig
haltlosen Hypothese machen konnte.

Es musste daher das erst in neuester Zeit von ZOPF[5]) herausge-
gebene Buch „Die Spaltpilze" um so grösseres Aufsehen erregen,

---

1) In NÄGELI's Untersuchungen über niedere Pilze.

2) CIENKOWSKI, Zur Morphologie der Bacterien. Petersburg 1876.

3) NEELSEN, Studien über die blaue Milch. COHN, Beiträge z. Biologie d.
Pflanzen, Bd. III.

4) Mitteilungen aus d. kaiserl. Gesundheitsamte, I. Bd. Berlin 1881.

5) ZOPF, Die Spaltpilze. Breslau 1883.

als dieser Autor, sich fast völlig auf den Standpunkt von NÄGELI und BUCHNER stellend, die Veränderlichkeit der Spaltpilzformen als eine ausgemachte, unanfechtbare Tatsache betrachtet und auf diese Theorie eine neue systematische Einteilung der Spaltpilze begründet. ZOPF stützt sich dabei nicht allein auf die oben angeführten Untersuchungen anderer Autoren, sondern vor allem auf eigene an den Gattungen Cladothrix, Beggiatoa und Crenothrix gemachten Beobachtungen[1]), welche nach seinen Angaben in der Tat bei ihrer Entwicklung einen weiteren Formenkreis durchlaufen sollen. ZOPF nimmt übrigens, was ich hier ausdrücklich hervorheben möchte, nicht an, dass alle Spaltpilzarten in einander übergehen und dass von jeder bekannten Bacterienart alle die von COHN als Gattungen aufgestellten Formen angenommen werden könnten. Er glaubt vielmehr, dass nur bestimmte Gattungen einen weiteren Formenkreis besitzen, während er bei anderen Gattungen denselben enger zieht; und gerade auf Grund dieser Eigenschaften, dass also z. B. manche Bacterien immer ausschliesslich Kokken bilden, während andere vielleicht in der Form von Kokken, Stäbchen und Fäden auftreten oder einen noch weiteren Formenkreis durchlaufen können, stellt ZOPF ein neues auf Entwicklungsgeschichte begründetes System auf, welches folgende Familien und Gattungen enthält[2]):

I. Kokkaceen. Sie besitzen nur die Kokken- und die durch Aneinanderreihung von Kokken entstehende Fadenform. (Wohl Streptococcus der Autoren).

Genus: Leuconostoc.

II. Bacteriaceen. Sie weisen 4 Entwicklungsformen auf: Kokken, Kurzstäbchen (Bacterien), Langstäbchen (Bacillen) und Fäden (Leptothrixform). Letztere besitzen keinen Gegensatz von Basis und Spitze. Typische Schraubenformen fehlen.

Genera: Bacterium und Clostridium.

III. Leptotricheen. Sie besitzen Kokken-, Stäbchen-, Fadenformen (welche einen Gegensatz von Basis und Spitze zeigen) und Schraubenformen.

Genera: Leptothrix, Beggiatoa, Crenothrix, Phragmidiothrix.

IV. Cladotricheen. Sie zeigen Kokken-, Stäbchen-, Faden- und Schraubenformen. Die Fadenform ist mit Pseudoverzweigungen versehen.

Genus: Cladothrix.

---

1) ZOPF, Zur Morphologie der Spaltpflanzen (Spaltpilze und Spaltalgen). Leipzig 1882.   2) l. c. S. 48.

ZOPF ist aber nicht der Ansicht, dass diese Gattungen selbst wieder
in einander übergehen könnten, sondern er hält dieselben vielmehr
als völlig verschiedene, durch constante Eigenschaften characterisirte Gattungen und dem entsprechend hält er auch an einer strengen
Scheidung einzelner Arten fest, von welchen jede durch ihre Grössenverhältnisse im Allgemeinen, durch den bestimmten engeren oder
weiteren Formenkreis, welchen sie bei ihrer Entwicklung zu durchlaufen vermag, sowie durch ihre physiologischen Eigenschaften ein
wohl characterisirtes Gesammtbild entwerfen lässt.

.Da nun ZOPF aber auch in den Grössenverhältnissen innerhalb
einer einzelnen Art immerhin beträchtliche Schwankungen für möglich hält, so wird nach seiner Theorie allerdings das äussere Ansehen der einzelnen Spaltpilzindividuen für die Erkenntniss der betreffenden Art, ja selbst Gattung, fast völlig wertlos, überhaupt
verlieren die einzelnen Individuen der Spaltpilzarten fast völlig ihre
Bedeutung für deren systematische Stellung und es würden sich die
einzelnen Arten und Gattungen in vielen Fällen nur noch durch Beobachtung ganzer Reinculturen von einander unterscheiden lassen.

Es lässt sich nicht leugnen, dass diese ZOPF'sche Theorie von
der Veränderlichkeit der Spaltpilzformen, mag dieselbe nun richtig
sein oder nicht, einer absolut beweiskräftigen Grundlage entbehrt,
indem eben alle die Untersuchungen, auf welche dieselbe begründet
ist, sich gleichfalls auf Spaltpilzculturen beziehen, welche in flüssigen
Nährmedien gezüchtet wurden. Wenn es nun theoretisch auch durchaus möglich erscheint und es tatsächlich auch möglich ist, bei Anwendung flüssigen Nährsubstrats durch die Verdünnungsmethode
wirkliche Reinculturen zu erzielen, so lässt sich doch niemals der
stricte Beweis erbringen, dass eine auf diesem Wege gewonnene
Cultur auch wirklich rein sei. Dafür spricht ja gerade die ZOPF-
sche Lehre selbst am lautesten, indem nach dieser Lehre die verschiedenen Spaltpilzarten nach ihren Einzelindividuen sich schwerlich unterscheiden lassen dürften; bei einer in flüssigem Nährmedium
gezüchteten Cultur treten uns aber die einzelnen Individuen nur als
solche entgegen und nicht in der Form einer geschlossenen Cultur.

Darum hat auch FLÜGGE [1]) erst in jüngster Zeit das ZOPF'sche
Buch über die Spaltpilze und die darin vertretene Theorie besonders
in Rücksicht auf deren Tragweite für die diagnostische Verwertbarkeit der einzelnen Spaltpilzformen vom practisch-medicinischen

---

1) Deutsche med. Wochenschrift, 1884, No. 46.

Standpunkte aus einer so scharfen Kritik unterworfen, wie sie kaum schärfer hätte geübt werden können.

Ob aber eine derartige, alles absprechende Kritik heute schon gerechtfertigt war, erscheint allerdings bei dem gegenwärtigen Stande der Bacteriologie doch noch sehr fraglich. Muss man doch bedenken, dass wir mit der wirklichen Erkenntniss der einzelnen Spaltpilzarten erst begonnen haben, seitdem KOCH eine feste Grundlage für diesen Zweig der Forschung geschaffen hat; dies geschah aber erst vor so kurzer Zeit, dass wir vorläufig noch gar keine Ahnung davon haben können, wie viele Spaltpilzarten es wohl geben mag und welche Eigenschaften denselben zukommen, zumal da fast alle nach der von KOCH eingeführten Methode seither gemachten Untersuchungen sich fast ausschliesslich mit der Beobachtung pathogener Spaltpilzarten beschäftigten. Wenn nun aber auch gerade die bisher bekannten pathogenen Spaltpilzarten eine grosse Beständigkeit der Formen aufweisen, so ist das kein Beweis dafür, dass es überhaupt keine Spaltpilze gäbe, welche bei ihrer Entwicklung einen grösseren Formenkreis durchlaufen und für welche die von COHN als Gattungen aufgestellten Formen nur vorübergehende jeweilige Vegetationszustände bilden.

Allerdings hat ja ZOPF auch seine eigenen Beobachtungen an den oben erwähnten Spaltpilzgattungen an Culturen gemacht, welche in flüssigen Nährmedien gezüchtet waren, und darum sind dieselben wohl an und für sich weniger beweiskräftig, als wenn dieselben an Culturen auf festem Nährboden gemacht worden wären.

Allein diese Untersuchungen ZOPF's, welche sich auf wirkliche Spaltpilzarten und nicht, wie FLÜGGE[1]) meint, auf „einige Algen" beziehen, sind bisher auch noch nicht widerlegt worden, wenigstens hat meines Wissens bis jetzt noch niemand sich daran gemacht, die Gattungen Beggiatoa, Cladothrix und Crenothrix auf festem Nährboden zu züchten, um auf diesem Wege die ZOPF'schen Untersuchungsresultate zu controliren. Daher ist keinerlei Berechtigung dafür vorhanden, die Lehren ZOPF's von der Veränderlichkeit der Spaltpilzformen ohne Weiteres abzuurteilen und in so abfälliger Weise zu kritisiren, denn die hauptsächlichsten Grundlagen derselben sind vorläufig wenigstens noch nicht widerlegt.

Uebrigens wird ja von KOCH selbst für manche Bacterienarten ein etwas weiterer Formenkreis angenommen; so bilden z. B. der

---

1) l. c.

Milzbrandbacillus und der Heubacillus nach Koch's eigenen Angaben
Stäbchen und Fäden. Dabei schwankt die Länge und Dicke der
Milzbrandstäbchen ganz aussefordentlich, wie man aus den Koch'schen
Photogrammen Taf. V Fig. 26, 27, 29 und 30 auf den ersten Blick
erkennen kann [1]). Diese sämmtlichen Figuren sind bei 700facher
Vergrösserung aufgenommen und sieht man auf Fig. 26 Bacillen,
welche von den in Fig. 29 abgebildeten im Längen- und Dickendurch-
messer wohl fast um das Doppelte übertroffen werden. Auch an den
in Fig. 75 Taf. XIII abgebildeten Heubacillen lassen sich Unterschiede
in der Form und den Grössenverhältnissen nicht verkennen.

Es scheint auch Koch viel weniger dagegen Stellung zu nehmen,
dass eine Bacterienart vielleicht einen weiteren Formenkreis durchlaufen könne, als vielmehr gegen die Annahme, dass die Arten selbst
in einander übergehen, dass also, um ein recht drastisches Beispiel
zu wählen, etwa Tuberkelbacillen in beliebige andere harmlose Bacterienarten umgezüchtet werden könnten.

Koch [2]) sagt: „Mir scheint es also ganz unverfänglich und nicht
allein das, sondern das einzig Richtige zu sein, eine recht sorgfältige
Sonderung aller uns bei unseren Untersuchungen begegnenden Mikro-
organismen und insbesondere der Bacterien eintreten zu lassen und
sich bezüglich der letzteren ganz streng an den Satz zu halten, *dass*
alle diejenigen Bacterien, welche auf demselben Nährboden und unter
übrigens gleichen Verhältnissen durch mehrere Umzüchtungen oder
sogenannte Generationen ihre Eigenschaften, durch welche sie sich
von einander unterscheiden, unverändert beibehalten, auch als ver-
schieden anzusehen sind, mag man sie nun als Arten, Varietäten,
Formen, oder wie man sonst will, bezeichnen."

Diesen Satz kann man aber auch als Anhänger des Zopf'schen
Systems nach meiner Auffassung getrost unterschreiben; denn Zopf
behauptet ja auch nicht, dass die verschiedenen Arten ineinander
übergehen und umgezüchtet werden können, sonst hätte er doch wohl
überhaupt nicht den Versuch gemacht, eine systematische Einteilung der Bacterienarten zu geben. Wenn er aber den Milzbrandbacillus nur für eine physiologische Varietät des Heubacillus hält,
so handelt es sich hier doch um eine ganz specielle Streitfrage, wie
sie auch auf anderen Gebieten der Botanik häufig genug vorkommt.

Was aber die schwankenden Grössenverhältnisse innerhalb einer
Art angeht, so wird auch Zopf wohl schwerlich der Ansicht sein,

---

1) l. c.   2) l. c. S. 31.

dass dieses Schwanken in der Weise aufzufassen wäre, dass z. B.
der Heubacillus heute dünne, morgen dicke und dann wieder lange
oder kurze Stäbchen und Fäden bildet, sondern er behauptet vielmehr, dass diese Formen, wie es auch tatsächlich der Fall ist,
neben einander vorkommen und in entwicklungsgeschichtlichem Zusammenhange stehen.

Es ist selbstverständlich, dass die rein practische Frage von der
diagnostischen Verwertbarkeit der einzelnen Spaltpilzformen für die
Erkennung bestimmter Krankheiten bei der Entscheidung über die
Frage von der Inconstanz der Spaltpilzformen völlig in den Hinter-
grund zu treten hat. Denn die Wissenschaft hat sich bei solchen
Untersuchungen um eventuell aus denselben erwachsende practische
Vorteile zunächst gar nicht zu bekümmern, sondern einzig und allein
nach Wahrheit zu streben, selbst wenn durch dieselbe manche Illu-
sionen schwinden sollten.

Uebrigens wäre auch nach dem ZOPF'schen System eine diagnostische Verwertbarkeit der Spaltpilzarten keineswegs ausgeschlossen,
denn es wird ja in demselben an bestimmten, wohlcharacterisirten
Arten und Gattungen festgehalten, welche nicht beliebig in einander
übergehen können. Man hätte eben bei der Diagnose im Notfalle
eine Reincultur der in Frage kommenden Spaltpilzart herzustellen
und aus der Beobachtung des ganzen Entwicklungsganges derselben,
ihren äusseren Erscheinungen und den sonstigen biologischen und
morphologischen Eigenschaften der Bacterienart sich sein Urteil zu
bilden.

Allein selbst dieser weitere Weg wird in den meisten Fällen,
und zwar gerade bei denjenigen, in welchen das Vorkommen gewisser Spaltpilzarten von diagnostischer Bedeutung ist, durchaus
überflüssig sein.

So wird es z. B. keinem Forscher, selbst wenn er von der Inconstanz der Spaltpilzformen im Sinne der ZOPF'schen Theorie völlig
überzeugt ist, einfallen, an der diagnostischen Verwertbarkeit der
Tuberkelbacillen zu zweifeln. Denn selbst wenn diese Bacterienart
unter irgend welchen anderen Lebensbedingungen vielleicht auch
Fäden und sonstige Formen bilden sollte, so wäre das für diese Frage
ganz gleichgiltig. Denn das ist jedenfalls unanfechtbar und wird
höchstens noch von SPINA bezweifelt, dass der Tuberkelbacillus die
tuberkulöse Erkrankung von Menschen und Tieren ausschliesslich
verursacht und dabei nur in der von KOCH beschriebenen Form und
mit allen den bekannten characteristischen Eigenschaften gefunden

wird. Würde auch den Tuberkelbacillen ein weiterer Formenkreis zufallen, so könnte dadurch nur ihre Stellung im System, keineswegs aber ihre diagnostische Verwertbarkeit beeinflusst werden.

Die vorliegenden Untersuchungen dürften nun wohl geeignet sein, einen wesentlichen Beitrag zu der Entscheidung der Frage über die Inconstanz der Spaltpilzformen und über die entwicklungsgeschichtliche Zusammengehörigkeit der COHN'schen Formgattungen zu liefern. Denn es wurden diese Untersuchungen streng nach den KOCH'schen Vorschriften durch Isolirung und Züchtung der Culturen auf festem Nährboden vorgenommen und sind dieselben auch so gewissenhaft durchgeführt worden, dass sie nachfolgende Controluntersuchungen nicht zu fürchten brauchen.

Freilich bringen meine Untersuchungen von vorn herein eine unerwartete Tatsache, welche bis jetzt allen, welche sich damit beschäftigt haben, nach der KOCH'schen Methode Bacterien zu züchten, entgangen ist, nämlich die, dass gewisse Spaltpilzarten ein Schwärmstadium eingehen können, welches sie befähigt, auf erstarrter 5 proc. Nährgelatine, welche wohl den am häufigsten zur Anwendung kommenden Nährboden bilden dürfte, in lebhafter Bewegung umherzuschwärmen. An diese überraschende Tatsache wird wohl der stärkste Skeptiker glauben müssen, wenn er die dieser Arbeit beigegebenen Photogramme betrachtet, ganz abgesehen davon, dass ich das Umherschwärmen der Bacteriengruppen hier bereits vielfach demonstrirt habe. Aber noch mehr, die oben beschriebenen Bacterien sind sogar während des Schwärmstadiums im Stande, sich im Innern der nicht verflüssigten Gelatine ihren Weg zu bahnen und Wanderungen vorzunehmen, eine Tatsache, für welche die Photogramme Fig. 7, 9 u. 10, sowie die oben geschilderten Beobachtungen den Beweis erbringen.

Es wäre ein grosser Irrtum, wenn man glauben wollte, dass durch diese Beobachtungen der eminente Wert und die Zuverlässigkeit der Züchtungsmethode auf festem Nährboden beeinträchtigt würde, wenn auch der Schwerpunkt dieser von KOCH eingeführten Methode gerade darin gelegen ist, dass eben die auskeimenden Culturen fixirt sind. Denn diese Fähigkeit des Umherschwärmens scheint doch nur wenigen Arten zuzukommen, wenigstens konnte ich an Culturen zahlreicher anderer Spaltpilzarten bis jetzt niemals diese Beobachtung machen; auch braucht man ja nur den Gelatinegehalt des Nährbodens zu steigern, um, wie ich oben gezeigt habe, jede ausgiebige active Ortsveränderung zu verhindern.

Im Gegenteil, es beweisen gerade diese Untersuchungen, wie weit der feste Nährboden dem flüssigen Nährsubstrat überlegen ist, denn die drei Arten lassen sich nur auf festem Nährboden als solche unterscheiden und alle jene wunderbaren, höchst characteristischen Erscheinungen, welche das Ausschwärmen, die Bildung der circulären Zone und die eigentümlich geformten Zooglöen mit sich bringen, entgehen im flüssigen Nährmedium selbstverständlich völlig der Beobachtung, d. h. sie kommen überhaupt nicht zu Stande.

Vor allem aber beweisen die vorliegenden Untersuchungen, dass es in der Tat und zwar recht häufige Spaltpilzarten gibt, welche entschieden einen sehr weiten Formenkreis durchlaufen.

Denn alle drei hier beschriebenen Arten bilden kleine rundliche Körperchen, an welchen ein Unterschied von Länge und Breite nicht mehr zu erkennen ist, d. h. kokkenähnliche Formen; diese aber vermögen zu Kurzstäbchen, Langstäbchen, Fäden verschiedener Länge, Vibrionen, Spirillen, Spirochäten und Spirulinen heranzuwachsen, um schliesslich wieder zu kokkenähnlichen Individuen und Kurzstäbchen zu zerfallen.

Alle jene scheinbar höher entwickelten Formen zeigen ferner tatsächliche Gliederung, welche bisweilen schon im Leben, wenn auch nur sehr undeutlich, zu sehen ist, sehr scharf aber an mit Fuchsin gut tingirten Präparaten hervortritt. Ich halte daher den Einwand FLÜGGE's [1]), dass die Gliederung der Bacillen, Spirillen u. s. w. nur als ein Kunstproduct aufzufassen sei, für unrichtig, indem auch die Beobachtungen an lebenden Spaltpilzen für jene Eigenschaft sprechen. Dass z. B. die Spirillen wirklich keine einheitlichen Individuen sind, wenn sie auch als solche den Eindruck machen, davon konnte ich mich durch folgende Beobachtung überzeugen. Bei dem Studium einer lebenden Cultur des Proteus mirabilis, in welcher es in der in der Tiefe der Gelatine um den Impfstich gebildeten circulären Fadenzone auch zur Entwicklung prachtvoller Spirillen gekommen war, welche sich teils ruhig verhielten, teils langsame schraubende Bewegungen vollzogen, beobachtete ich eine aus vier Spiralumgängen bestehende, sehr schön und gleichmässig entwickelte, ruhende Spirille, welche bei System VII durchaus den Eindruck eines einheitlichen Individuums machte. Plötzlich löste sich an dem einen

1) FLÜGGE, Fermente und Mikroparasiten. — Handbuch d. Hygiene u. Gewebekrankheiten von Pettenkofer u. Ziemssen, I. Th. II. 1. Leipzig 1883, S. 275.

Ende eine ganze Schraubenwindung ab und bohrte sich eine kurze
Strecke weit ziemlich rasch in der Gelatine fort; dann hielt sie inne
und verharrte einige Secunden an Ort und Stelle, um dann plötzlich
wieder umzukehren und sich mit dem zurückgebliebenen Teil der
Spirille wieder so vollkommen zu vereinigen, dass wenigstens mit
HARTNACK System VII absolut die Stelle nicht mehr zu erkennen
war, an welcher die Trennung kurz zuvor stattgefunden hatte. Dieses
merkwürdige Spiel, welches übrigens grosse Aehnlichkeit mit den
oben geschilderten Bewegungen der Stäbchenreihen hat, nur dass
bei der Rückkehr eine sehr innige Wiedervereinigung erfolgt, wiederholte sich unter meinen Augen mehrmals hintereinander, wobei
die Entfernungen zwischen dem zurückbleibenden grösseren Teil
der Spirille und der sich ablösenden Schraubenwindung allmählich
immer grösser wurden und letztere immer länger sich getrennt verhielt; schliesslich kehrte der abgelöste Teil nicht mehr zurück, sondern bohrte sich selbständig in der Gelatine langsam weiter.

Ebenso deuten viele der so eigentümlich gestalteten Involutionsformen darauf hin, dass die Fäden verschiedener Länge bereits
im Leben tatsächliche Gliederung besitzen; hier kommen besonders
diejenigen Formen in Betracht, welche in der Mitte, an einem oder
auch an beiden Enden plötzlich in eine runde Anschwellung über·
gehen. Diese oft mächtig angeschwollenen Stellen entsprechen offenbar einzelnen entarteten Gliedern, wofür auch der Umstand spricht,
dass man späterhin, wenn in der herangewachsenen Cultur die Fäden wieder in Kurzstäbchen und kleinere Formen zerfallen, jene Auftreibungen als völlig isolirte kugelförmige Gebilde vorfindet.

Ferner aber beweisen die vorliegenden Untersuchungen, dass in
der Tat durch Wechsel der Ernährungsbedingungen die
Formen gewisser Spaltpilzarten in hohem Grade beein-
flusst werden. Denn ich habe gezeigt, dass Proteus mirabilis
und Proteus Zenkeri auf saurer Nährgelatine nur kokkenähnliche
Formen und Kurzstäbchen entwickeln, während auf alkalischem
Boden bei ersterer Art ausserdem Fäden, Vibrionen, Spirillen, Spiro-
chäten und Spirulinen, bei letzterer wenigstens Fäden, Vibrionen und
Spirulinen zur Entwicklung gelangen. Ebenso wird bei erhöhtem
Gelatinegehalt der Nährgelatine die Entwicklung der verschiedenen
Formen sehr augenfällig beeinflusst.

Endlich aber zeigen diese Untersuchungen, dass auch unter
scheinbar absolut gleichen und unveränderten Bedingungen bei ein
und der nämlichen Art kleine Abweichungen in der Entwicklung der

ganzen Culturen auftreten können und dass insbesondere die Form
der Zooglöenbildung eine eminent verschiedene sein kann. Denn
sowohl bei Proteus vulgaris als auch bei Proteus mirabilis finden
wir bald einfach kugelige, bald korkzieher- oder rankenförmige Zooglöen und das eine Mal beobachten wir ein frühzeitiges Ausschwärmen dieser Zooglöen, während es das andere Mal viel später erfolgt, oder völlig unterbleibt.

Anderseits aber beweisen gerade die vorliegenden Untersuchungen
auch die grosse Beständigkeit der Spaltpilzarten in dem allgemeinen
Character ihrer individuellen und generellen Eigenschaften. Denn
wenn auch z. B. Proteus mirabilis und Proteus Zenkeri auf saurer
Nährgelatine nur kokkenähnliche Individuen und Kurzstäbchen entwickeln und auch die Entwicklung der Gesammtcultur eine ganz
andersartige ist, so tritt bei Rückimpfung auf 5 proc. alkalische Nährgelatine doch immer wieder sofort der ursprüngliche Entwicklungs-
modus ein, unter welchem es zur Bildung der verschiedenen Fadenformen, Spirillen u. s. w. kommt und die ganze Cultur jenes characteristische Gesammtbild darbietet.

Nach diesen Erörterungen allgemeiner und specieller Art über
die Veränderlichkeit der Spaltpilzformen will ich zur Besprechung
der systematischen Stellung der Gattung Proteus übergehen. Es ist
an und für sich klar, dass die hier untersuchten Spaltpilzarten sich
nicht in das von COHN aufgestellte System einreihen lassen, indem
für dieselben alle jene Formen, welche COHN als verschiedene Gattungen bezeichnet, nur verschiedene Vegetationszustände ein und derselben Art darstellen.

Will man daher der Gattung Proteus überhaupt eine systematische Stellung einräumen, so muss man entweder eine neue systematische Einteilung der Spaltpilze vornehmen, oder aber, was mir weit
zweckmässiger und richtiger erscheint, das von ZOPF aufgestellte
System in seinem Princip anerkennen und die Gattung in dieses System
einzureihen suchen. Denn jedenfalls erscheint nach den vorliegenden
Untersuchungen das entwicklungsgeschichtliche Princip, welches ZOPF
seiner Classificirung der Bacterien zu Grunde legte, vollkommen gerechtfertigt, während die von COHN gegebene Einteilung sich als
unhaltbar erweist.

Die Arten der Gattung Proteus scheinen mir nun am meisten
Aehnlichkeit mit den Leptothricheen oder Cladothricheen zu besitzen,
indem wenigstens der Formenkreis diesen Gruppen entspricht. Allein
zu ersteren können sie deshalb wohl nicht gehören, weil die Faden-

formen der Leptothricheen einen Gegensatz von Basis und Spitze
besitzen sollen; letzteres Verhältniss kann man aber bei den Fadenformen der vorliegenden Arten nicht wahrnehmen, vielmehr lassen
dieselben mitunter an beiden Enden deutliche zarte Cilien erkennen.
    Aber auch in die Gruppe der Cladothricheen lässt sich die Gat-
tung nicht gut einreihen; wenigstens konnte ich weder auf festem,
noch auch in flüssigem Nährsubstrat eine Pseudoverzweigung der
Fadenformen beobachten, wenn man nicht jene eigentümlichen Verzweigungen mancher Zoogloeaformen hierher rechnen will, welche
ich aber nicht damit identisch halten möchte. Auch geht ja diese
Art der Zooglöenbildung der 3. beschriebenen Art völlig ab, obwohl
dieselbe unzweifelhaft mit den beiden ersten Arten in eine Gattung
gehört.
    Ich möchte es daher dem sachverständigeren Botaniker über-
lassen, der vorliegenden Gattung die richtige Stellung in der Syste-
matik anzuweisen.
    Jedenfalls handelt es sich bei den hier beschriebenen Spalt-
pilzen um Arten, welche bis jetzt noch nicht untersucht worden sind
und deren verschiedene Vegetationsformen wohl als verschiedene
Arten betrachtet wurden; insbesondere mögen gewisse Formzustände
derselben unter dem Begriff des Bact. termo Ehr. zusammengefasst
worden sein.
    Ausserordentliche Aehnlichkeit besitzen die merkwürdigen kork-
zieherförmigen Zooglöen des Proteus mirabilis mit den von KLEBS[1])
als das Contagium der Syphilis beschriebenen und abgebildeten Helicomonaden; vergleicht man die von KLEBS auf Taf. III abgebildeten Culturen mit den auf den Photogrammen der Tafeln VIII und
IX der vorliegenden Arbeit wiedergegebenen Zoogloeaformen, so
möchte man fast den Helicomonas der Syphilis für identisch halten
mit der hier beschriebenen Bacterienart. Doch ist es hier nicht
meine Aufgabe, die Untersuchungen von KLEBS über das Contagium
der Syphilis einer näheren Prüfung zu unterwerfen; ich wollte nur
die überraschende Aehnlichkeit hervorheben, welche die von KLEBS
beschriebenen Helicomonaden mit den hier beobachteten Zoogloea-
bildungen besitzen. Jedenfalls aber scheinen mir die Helicomonaden,
wenn sie selbständige Bacterienarten bilden, eine sehr grosse mor-
phologische Verwandtschaft mit den vorliegenden Arten zu besitzen,

---

1) KLEBS, Das Contagium der Syphilis. Archiv f. exp. Pathol. u. Pharmako-
logie. Bd. X, Heft III, S. 161. 1879.

wofür auch die übrigen Beobachtungen von KLEBS, dass dieselben aus Fäden hervorgehen und Stäbchen und Kokken bilden, sprechen.

Da es sich also bei den oben beschriebenen Bacterien um neue, bis jetzt offenbar noch nicht untersuchte Bacterienarten handelt, so habe ich dieselben mit neuen Namen belegt. Den Gattungsnamen Proteus wählte ich auf Vorschlag von Herrn Professor ZENKER und soll durch denselben die Veränderlichkeit der Form angedeutet werden; die erste Art benannte ich Proteus vulgaris nicht allein deshalb, weil dieselbe unter den 3 beschriebenen Arten die häufigste ist, sondern weil dieselbe an und für sich eine sehr gemeine Bacterienart bildet. Die Benennung mirabilis mag für die zweite Art wohl gerechtfertigt erscheinen, denn die eigentümlichen Zooglöenbildungen, das massenhafte Auftreten jener sonderbaren Involutionsformen u. s. w. kann man gewiss als wunderbar bezeichnen; die 3. Art aber habe ich mir erlaubt zu Ehren meines hochverehrten Lehrers nach dessen Namen zu benennen.

IV. Ueber die Bedeutung der Proteus-Arten als Fäulnisserreger, sowie über deren Vorkommen und Verbreitung.

Bereits die oben angeführten vergeblichen Versuche, die Proteus-Arten in sogenannten Normallösungen zu züchten, deuten darauf hin, dass diese Bacterienarten in ihrer Ernährung auf höhere organische Verbindungen angewiesen sind. Insbesondere aber sind es eiweisshaltige Substanzen oder solche, welche eiweissähnliche Körper enthalten, auf welchen alle 3 Arten vorzüglich gedeihen, wie schon das rasche Wachstum der Culturen auf Pepton-haltiger Nährgelatine zeigt. Und zwar vermögen sämmtliche 3 Arten auch bei völligem O-Mangel, ja selbst in reinem CO_2-Gas zu vegetiren, wenn auch unter derartigen Bedingungen das Wachstum der Culturen sichtlich verlangsamt wird; es ist daher die Gattung Proteus unter die facultativen Anaerobier zu rechnen, welche bei ihrem Wachstum den O der athmosphärischen Luft entbehren können.

Nährgelatine von der oben angegebenen Zusammensetzung wird, wie aus den geschilderten Züchtungsversuchen hervorgeht, von Proteus vulgaris und mirabilis verflüssigt, wobei sich ein ganz specifischer, unangenehmer, etwas an faulenden Käse erinnernder Geruch entwickelt; ebenso wird sterilisirtes Blutserum von beiden Arten, wenn auch viel langsamer, unter ähnlichem, aber etwas intensiverem Geruche verflüssigt. Proteus Zenkeri hingegen kommt diese Wirkung nicht zu, indem weder eine Verflüssigung der Nährgelatine noch des Blutserums eintritt, auch keine stärkere Entwicklung übel riechender Gase sich bemerkbar macht.

Gekochte Fleischbrühe wird von sämmtlichen 3 Arten unter Entwicklung jenes characteristischen Geruches zersetzt.

Um nun die Beziehungen der hier beschriebenen Spaltpilzarten zur Fäulniss näher festzustellen, verfuhr ich in der Weise, dass ich frisch getöteten Kaninchen unter den bei der Untersuchung auf den

Bacteriengehalt des gesunden Gewebes von mir bereits angewandten Cautelen[1]) ganze Organe oder grössere Stücke von solchen herausnahm, diese in sterilisirte, mit einem Wattepfropf verschlossene, grosse Reagensgläser brachte und dann mit Bacterien aus einer herangewachsenen Cultur inficirte.

Gegen ein derartiges Verfahren liesse sich vielleicht der Einwand erheben, dass eine etwa sich einstellende Fäulniss ganz leicht durch eine zufällige Verunreinigung hätte herbeigeführt werden können, was dann eine falsche Beurteilung des Experimentes notwendig zur Folge haben müsste.

Allein bei einiger Uebung und Vorsicht lassen sich bei dieser Methode einem frisch getöteten Tiere mit Leichtigkeit Organe wie Herz, Leber, Milz und Nieren herausnehmen und aufbewahren, ohne dass bei mehr als höchstens 8—9 Proc. der Versuche Bacterienentwicklung zu Stande käme, während in über 90 Proc. der Versuche die Organe selbst nach vielen Wochen und Monaten keine Spur von Fäulniss oder Bacterienentwicklung erkennen lassen; es ist somit auch bei dieser Methode hinlängliche Garantie für richtige Beurteilung der Versuche gegeben, wenn man nur gleichzeitig Controlversuche nebenher gehen lässt.

Die in dieser Weise angestellten Versuche wurden hauptsächlich mit Proteus vulgaris vorgenommen und sind folgende:

1. Versuch. Am 2. Juli 1883 Mittags werden einem gesunden, erwachsenen Kaninchen entnommen: Milz, beide Nieren, Herz, vier grosse Leberstücke und zwei grössere Muskelstücke der Oberschenkel.

Diese zehn Organe und Organstücke werden in grosse sterilisirte, unten mit einem Ansatzröhrchen versehene und mit Watte verschlossene Reagenscylinder gebracht und darauf mit 1—3 Tropfen einer verflüssigten Cultur inficirt. Die Reagensgläser werden dann, um rasches Vertrocknen zu verhindern, oben abgeschmolzen, während das Ansatzröhrchen mit einem Wattepfropf verschlossen bleibt und den Zutritt atmosphärischer Luft gestattet. Die Gläser bleiben bei Zimmertemperatur — 25° C. — stehen.

Am folgenden Tage 8 Uhr Morgens, also bereits nach 16 Stunden, hat sich bereits bei sämmtlichen Organen sehr ausgesprochen fauliger Geruch eingestellt, die Milz, die Nieren und die Leberstücke

---

1) HAUSER, Ueber das Vorkommen von Mikroorganismen im lebenden Gewebe des normalen tierischen Organismus. (Vorläufige Mitteilung.) Sitzungsberichte der med. physik. Societät Erlangen 1884 u. Centralblatt f. klin. Medicin.

zeigen leicht grünliche Verfärbung, während die Muskelstücke keine wesentliche Farbenveränderung erkennen lassen.

Nach weiteren 8 Stunden ist der Fäulnissgeruch ausserordentlich widerlich und intensiv geworden; derselbe erinnert an faulenden Käse und zeigt deutlich wahrnehmbare Beimengung von Schwefelwasserstoff. Die Organe sind schlaff, die grünliche Verfärbung hat zugenommen. Muskeln ohne Farbenveränderung.

Nach weiteren 24 Stunden hat sich ein höchst intensiver und penetranter Fäulnissgestank entwickelt, sämmtliche Organe, mit Ausnahme der Muskeln, sind insbesondere an der Oberfläche dunkel schwarzgrün, missfarbig, die reichlich abgesickerte, mit Blut vermengte Gewebsflüssigkeit ist schmutzig schwarzbraun, sehr trübe. Ausserdem erscheinen die Organe weich und schlaff, die Milz fast breiig zerfliessend und sowohl in der Flüssigkeit, als auch zwischen der Wand des Glases und den anliegenden Organen befinden sich reichlich grössere und kleinere Gasblasen. Die Muskeln zeigen einen schmierigen grauen Belag und äusserst intensiven Fäulnissgeruch, aber keine wesentlichen Farbenveränderungen.

Am 5. VII., nachdem alle Fäulnisserscheinungen noch mehr zugenommen haben, wird von den faulen Organen auf Nährgelatine abgeimpft; bis zum anderen Morgen haben sich bereits die characteristischen Culturen völlig rein entwickelt.

2. Versuch. Am 8. Juli 1884 Abends werden einem fast erwachsenen gesunden Kaninchen entnommen: Milz, Herz, beide Nieren und vier grosse Leberstücke. Die Organe werden wieder in der angegebenen Weise aufbewahrt, diesmal aber nur die Milz, eine Niere und zwei Leberstückchen mit einer in eine verflüssigte Cultur des Proteus vulgaris eingetauchten Platinnadel inficirt, während das Herz, die andere Niere und die beiden anderen Leberstückchen der Controle wegen ungeimpft bleiben.

Am 9. Juli Mittags zeigen die geimpften Leberstückchen auf der Oberfläche, besonders in den Falten und Vertiefungen, einen dünnen grünlich-grauen Belag; die Niere erscheint etwas feuchter, jedoch in der Farbe kaum verändert. Milz missfarbig, braungrün, matsch, mit schmierigem Belag. Fäulnissgeruch noch nicht deutlich wahrnehmbar.

Die nicht geimpften Organe völlig unverändert.

10. Juli Vormittags verbreiten sämmtliche geimpften Organe intensiven Fäulnissgeruch, welcher völlig den gleichen Character besitzt, wie beim vorigen Versuch. Niere und Milz sind dunkel schwarzgrün, die Leberstücke missfarbig braun.

Die nicht geimpften Organe ohne Veränderung.

Am 13. Juli sind sämmtliche geimpften Organe in hochgradiger Fäulniss begriffen und zeigen reichliche Gasentwicklung. Die Milz zu einem schwarzgrünen Brei zerflossen.

Die nicht geimpften Organe ohne jegliche Veränderung.

Letztere wurden noch weitere 8 Tage beobachtet, ohne dass auch nur Spuren von Fäulniss oder Bacterienentwicklung aufgetreten wären; es zeigten die Organe, welche einzutrocknen begannen, einen etwas faden Fleischgeruch.

3. Versuch. Am 10. Juli Abends werden einem gesunden Meerschweinchen entnommen: Herz, die beiden Nieren und zwei Leberstücke. Bei dem ganzen Versuch wird genau so verfahren, wie bei den beiden vorigen.

Geimpft werden das Herz, eine Niere und ein Leberstückchen, während die andere Niere und das zweite Leberstückchen wiederum zu Controlversuchen benutzt werden.

11. Juli Abends. Von den geimpften Organen beginnen Herz und Niere sich zu verfärben, durch die Ansatzröhrchen schwacher Fäulnissgeruch bemerkbar.

Die nicht geimpften Organe ohne Veränderung.

13. Juli. Die geimpften Organe faulig, doch ohne ausgesprochene grüne Verfärbung; nur die Niere leicht grünlich verfärbt. Ueberall schmutzig graubraune Farbe vorherrschend, starke Verflüssigung und Schlaffheit des Gewebes, Entwicklung von Gasblasen und intensiver Fäulnissgeruch.

Die nicht geimpften Organe ohne Veränderung.

15. Juli. Hochgradige Fäulniss aller geimpften Organe, die nicht geimpften unverändert; letztere zeigen nach weiteren 8 Tagen das gleiche Verhalten, wie die nicht geimpften Organe beim vorigen Versuch.

Im October des verflossenen Jahres wurden diese Versuche wiederholt und in der gleichen Weise auch mit den beiden anderen Arten vorgenommen. Hier zeigte sich nun, dass die sämmtlichen drei beschriebenen Arten, soweit sich dies ohne genaue chemische Analyse beurtheilen lässt, auf frisches tierisches Gewebe übertragen scheinbar ganz die gleichen Veränderungen und Zersetzungen bewirken. Wenigstens war der bei den verschiedenen Arten auftretende Fäulnissgeruch vollkommen der gleiche und auch die äussere Veränderung der Organe zeigte keine Unterschiede.

Nur ist hervorzuheben, dass bei Proteus Zenkeri der ganze Zer-

setzungsprocess ungemein viel langsamer sich entwickelt und fortschreitet, als bei Proteus vulgaris und mirabilis; am energischsten
scheint Proteus vulgaris zu wirken, obwohl auch bei Proteus mirabilis die faulige Zersetzung sehr rasch eingeleitet wird.

Obwohl nun die geschilderten Versuche es mehr als wahrscheinlich machen, dass den Proteus-Arten in der Tat in hohem Grade
die Fähigkeit zukommt stinkende Fäulniss zu erregen, so sind doch
vielleicht Experimente dieser Art nicht völlig einwandsfrei, indem
während der Herausnahme der frischen Organe aus dem eben getöteten Tiere doch irgend welche zufällige Verunreinigungen hätten
stattfinden können.

Ich machte daher, um die Bedeutung der Proteus-Arten als
Fäulnisserreger zu prüfen, noch eine Anzahl weiterer Versuche, bei
welchen ich die verschiedenen Arten auf gekochtes und sterilisirtes
Fleisch überimpfte.

Da bei gekochtem Fleisch ohnedies alle Fäulnisserscheinungen
lange nicht so prägnant und nicht so rasch auftreten als bei frischem
Gewebe, indem offenbar das coagulirte Eiweiss dem Eindringen der
Bacterien viel grösseren Widerstand setzt, so bereitete ich, um das
Material für diese Zwecke günstiger zu gestalten, das Fleisch in fol-
gender Weise.

Es wurde 1 kg reines, von allem Fett, Fasern und Knochen be-
freites Kalbfleisch sehr fein gewiegt und hierauf unter fortwährendem
Zugiessen von Wasser 3—4 Tage hintereinander täglich mindestens
4 Stunden lang gekocht, wobei während des Kochens das zu Schnee
geschlagene Eiweiss von 10 Eiern und etwas Kochsalz zugesetzt
wurde.   Dadurch bildete sich allmählich ein förmliches Fleischmus
mit angenehmem Fleischbrühegeruch, welches nun in sterilisirte, mit
einem Wattepfropf versehene Gläser abgefüllt wurde.   Die mit dem
Fleische beschickten Kolben wurden nun noch in den Dampfsterili-
sationsapparat gebracht und dort 2 Tage hintereinander je 2 Stunden lang in überhitztem Wasserdampf von 102° C. dauernd sterilisirt.
In dieser Weise zubereitetes Fleischmus, welches sich, wenn es nur
vor dem Vertrocknen geschützt wird, scheinbar unbegrenzte Zeit hindurch völlig unverändert erhält, wurde also mit den drei beschriebenen Bacterienarten geimpft; hierbei zeigte sich nun, dass sämmtliche drei Arten auch an gekochtem und sterilisirtem Fleisch unter
ganz ähnlichen Erscheinungen faulige Zersetzung bewirken, als wie
an dem Gewebe frischer Organe, nur mit dem Unterschiede, dass
eben die Zersetzung viel langsamer eintritt.

Bei einer constanten Temperatur von 25—28° C. sieht man in der Regel am dritten Tage nach der Impfung das Fleischmus in dem Glaskolben etwas feuchter und an der Oberfläche mit einem schmutzig-graugelben, schmierigen Belag allenthalben bedeckt. Nach wenigen Tagen beginnt nun eine rasch zunehmende Verfärbung des Fleisches, welches seine ursprüngliche graue Farbe verliert und eine ausgesprochen hell graurötliche Farbe annimmt. Dabei wird dasselbe in einen dickflüssigen, schmierigen Brei umgewandelt, welcher einen äusserst penetranten, widerlichen, aashaften Geruch verbreitet, welcher ebenfalls, gerade wie bei der Impfung auf frische Organe, sehr stark an faulenden Käse erinnert und offenbar durch Beimengung von SH_2 beeinflusst wird.

In dieser Weise wird von sämmtlichen drei Arten gekochtes sterilisirtes Fleisch und Eiweiss zersetzt, ohne dass bei der äusseren Beobachtung irgend ein Unterschied zu erkennen wäre; nur erfolgt bei den mit Proteus Zenkeri geimpften Kolben die Zersetzung unverhältnissmässig langsamer, so dass dieselben in eine feuchte Kammer gestellt werden müssen, um das Eintrocknen des Fleisches zu verhüten.

Nach diesen Untersuchungen unterliegt es keinem Zweifel, dass die oben beschriebenen Bacterienarten, und zwar insbesondere Proteus vulgaris und Proteus mirabilis, in hohem Grade die Fähigkeit besitzen, Fäulniss, d. h. faulige Zersetzung der Eiweisskörper unter Entwicklung stinkender Gase, hervorzurufen.

Dagegen handelt es sich noch um die wichtige Frage, ob diese faulige Zersetzung des Eiweisses als eine directe Stoffwechseläusserung der Bacterien selbst anzusehen ist, oder ob von letzteren erst ein sogenanntes Ferment erzeugt wird, welches als solches die faulige Zersetzung bewirkt.

Um dieser schwierigen Frage näher zu treten, filtrirte ich eine ziemliche Menge der von Proteus vulgaris und mirabilis aus dem sterilisirten Fleischmus erzeugten Jauche durch Toncylinder; da diese Jauche ausserordentlich dickflüssig ist, indem sie stets reichliche Beimengung kleiner, noch nicht völlig aufgelöster Fleischpartikelchen enthält, so filtrirt dieselbe nur unter vollem Atmosphärendruck und selbst hier so langsam, dass man binnen 48 Stunden kaum 15 ccm erhält.

Man gewinnt aber ein dünnflüssiges, ziemlich dunkelbraunes, vollkommen klares und durchsichtiges Filtrat, welches absolut bacterienfrei ist und sich in sterilisirten Gläsern bis zum Eintrocknen

völlig rein und klar erhalten lässt, ohne dass mehr Bacterien zur
Entwicklung kämen. Diese Flüssigkeit hat ebenfalls den characteristischen widerlichen Geruch, jedoch in abgeschwächtem Grade,
und reagirt sehr deutlich alkalisch.

Mit dieser filtrirten, absolut bacterienfreien Jauche wurden nun
ebenfalls mit sterilisirtem Fleisch und Eiweiss in der nämlichen Weise
gefüllte Kolben inficirt und zwar wurden in jedem Kolben etwa
2—3 ccm der Jauche dem Fleische zugesetzt, worauf dieselben durch
einen Wattepfropf verschlossen im Brütofen bei einer constanten Temperatur von 24—27⁰ C. aufbewahrt wurden.

Im Ganzen wurden 6 derartige Versuche gemacht, nämlich 3 mit
filtrirter Jauche von Proteus vulgaris und 3 mit solcher von Proteus
mirabilis.

Alle diese 6 Versuche nun ergaben ein durchaus negatives Resultat, indem das Fleisch, welches vor zu raschem Eintrocknen geschützt war, sich Wochen lang völlig unverändert erhielt und nicht
eine Spur von irgend welchen Zersetzungsvorgängen erkennen liess;
ebensowenig kam es natürlich zur Entwicklung von Bacterien.

Ebenso bleibt mit filtrirter Jauche geimpfte Fleischbrühe durchaus unverändert.

Es ist wohl gerechtfertigt, aus diesen wenigen Versuchen den
Schluss zu ziehen, dass bei der fauligen Zersetzung der Eiweisskörper durch die Arten der Gattung Proteus von letzteren kein Ferment erzeugt wird, welches die Fäulniss vermittelt, sondern dass
vielmehr die faulige Zersetzung lediglich als eine directe Lebensäusserung der Bacterien selbst aufzufassen ist. Es müsste denn ein
Ferment gebildet werden, welches beim Filtriren der Jauche durch
den Toncylinder gleich den festen Bestandteilen zurückgehalten wird,
was jedoch kaum wahrscheinlich erscheint.

Wäre aber in der filtrirten Jauche ein Ferment enthalten, so
müssten jedenfalls minimale Mengen desselben ausreichen, um eine
Quantität Fleisch, welche ein kleiner Kolben fassen kann, in sicht-
barer Weise zu zersetzen.

Sehr wichtig für die richtige Beurteilung der Bedeutung der
Proteus-Arten als Fäulnisserreger ist ferner deren weite Verbreitung
und häufiges Vorkommen. Man kann nicht leicht in Fäulniss über-
gegangenes Fleisch oder überhaupt faulendes tierisches Gewebe untersuchen, ohne auf die eine oder die andere der drei beschriebenen
Arten zu stossen; insbesondere häufig findet man Proteus vulgaris
und mirabilis, welche sehr oft auch zusammen angetroffen werden.

Ich habe sämmtliche drei Arten aus den verschiedensten faulenden animalischen Gegenständen gezüchtet, namentlich aus faulenden anatomischen Präparaten, aus in Fäulniss übergehenden menschlichen und tierischen Leichen, aus Knochenmaccrationswasser u. s. w.

Ausserdem aber scheinen die Proteus-Arten bei den verschiedensten jauchigen Geschwürsprocessen fast stets vorhanden zu sein; wenigstens habe ich Proteus vulgaris und mirabilis wiederholt aus jauchenden carcinomatösen Geschwüren und aus tiefgreifenden, missfarbigen Decubitus-Geschwüren gewonnen. Ebenso fanden sich diese Bacterienarten bei Carcinoma uteri und in einem Falle von puerperaler jauchiger Endometritis; auch in einem Falle von jauchigeiteriger Peritonitis nach Totalexstirpation des Uterus wegen Carcinoma uteri wurde Proteus mirabilis aus dem Exsudat der Bauchhöhle gezüchtet.

Trotz des verbreiteten und ungemein häufigen Vorkommens der Proteus-Arten in den mannigfaltigsten faulenden animalischen Stoffen habe ich diese Arten niemals als zufällige Verunreinigung bei anderweitigen bacteriologischen Untersuchungen beobachtet; auch konnte ich dieselbe bei Untersuchungen der Luft niemals finden, obwohl ich absichtlich zur Aufstellung der Gelatineschalen Localitäten wählte, wo sich faulende anatomische Präparate befanden. Es mag dies vielleicht darauf beruhen, dass diese Bacterienarten in vollkommen eingetrocknetem Zustande schliesslich ihre Keimfähigkeit verlieren und daher in trockenem Staube verhältnissmässig wenige lebensfähige Keime vorhanden sind.

Gleichwohl geht aus diesen Untersuchungen hervor, dass die oben beschriebenen Bacterienarten nicht allein in hohem Grade fäulnisserregende Eigenschaften besitzen, sondern dass dieselben wegen ihrer Verbreitung und ihres häufigen Vorkommens wohl mit zu den wichtigsten und gewöhnlichsten Fäulnisserregern gehören.

V. Ueber die pathogenen Eigenschaften

der

Gattung Proteus und deren Beziehungen zur Septicämie.

Schon das so häufige Vorkommen dieser Bacterienarten in jauchenden Geschwüren der verschiedensten Art und bei anderen mit
Jauchung verbundenen Processen deutet darauf hin, dass dieselben
wahrscheinlich nicht als eigentliche primäre Infectionserreger aufzufassen sind, welche in gesundes Gewebe einzudringen und dadurch
primär ein typisches Krankheitsbild hervorzurufen vermöchten. Denn
man begegnet gar häufig jauchigen Geschwürsprocessen, bei welchen
jene Bacterienarten massenhaft gefunden werden, welche aber gleichwohl rein localer Natur sind und entschieden als Geschwürsprocesse
selbst irgend einer anderen Ursache ihren Ursprung verdanken.

Nicht minder naheliegend ist aber nach den oben ausgeführten
Untersuchungen über die fäulnisserregenden Eigenschaften der Proteus-Arten die Annahme, dass diese Bacterienarten wesentlich zur
jauchigen Zersetzung der Wundsecrete und mortificirter Gewebsteile
beitragen und so durch Erzeugung toxisch wirkender Substanzen se-
cundär einen mehr oder weniger schädlichen Einfluss auf den Organismus ausüben.

Für diese Auffassung sprechen auch die schon früher in dieser
Hinsicht angestellten Versuche, welche ich bereits in den Sitzungsberichten der hiesigen medicinisch-physikalischen Societät mitgeteilt
habe und auch weitere diesbezügliche Untersuchungen scheinen mir
dieselbe zu bestätigen.

Der zuerst angestellte Versuch war folgender:

Einem erwachsenen, kräftigen Kaninchen wurde etwa 1 ccm der
bei einem mit Proteus vulgaris geimpften Leberstückchen gebildeten
Jaucheflüssigkeit in die Vena jugularis gespritzt. Bereits während
der Einspritzung trat ganz bedeutende Erhöhung der Respirationsfre-

quenz des Tieres ein; als dasselbe nach Vernähung der Halswunde in seinen Käfig zurückgebracht wurde, war es sehr matt, fast wie gelähmt und bekam vorübergehende Brechbewegungen; die Temperatur, welche vor der Injection 38,6 betragen hatte, war kurz nach der Injection auf 39,4 gestiegen. Das Tier verfiel nun zusehends, die Zahl der Atemzüge stieg binnen einer halben Stunde auf 170 bis 180 in der Minute, wobei sich sehr deutliche Cyanose einstellte.

Leider konnte die Beobachtung nicht weiter fortgesetzt werden, als aber ganz kurze Zeit darnach, im Ganzen 1½ Stunden nach der Injection wieder nachgesehen wurde, war das Tier bereits tot und äusserlich schon völlig abgekühlt, so dass man annehmen muss, dass der Tod höchstens 1 Stunde nach der Injection eintrat. Die Leiche war auffallend starr und zeigte wie bei Opisthotonus starke Verkrümmung nach hinten.

Bei der sofort vorgenommenen Section fanden sich keine augenfälligen pathologischen Veränderungen der Organe; nur die serösen Häute erschienen etwas feuchter. Das Blut war teils flüssig, teils zu Cruor geronnen und hatte keinen fauligen Geruch. Bei der mikroskopischen Untersuchung fanden sich die Blutkörperchen im Ganzen sehr wohl erhalten, nur zeigten sie sehr viele mannigfaltig veränderte Formen wie bei Poikilocytose; zwischen den Blutkörperchen gewahrte man, in lebhafter Bewegung herumschwimmend, vereinzelte kleine bisquitförmige Bacterien, ganz übereinstimmend mit jenen, welche man in der Jauche und in älteren Culturen des Proteus vulgaris findet.

Bei einem zweiten derartigen Versuche, bei welchem aber wegen mangelhaften Schlusses der Canüle ein Teil der Jaucheflüssigkeit ausfloss, stellten sich ganz ähnliche Symptome ein, jedoch erfolgte der Tod des Tieres erst nach mehreren Stunden; da derselbe in der Nacht eintrat, konnte die Zeit nicht genau bestimmt werden. Die Section ergab ganz das gleiche Resultat wie bei dem vorigen Versuche.

Diese beiden Versuche, insbesondere aber der erste, bei welchem der Tod des Tieres schon nach 1 Stunde eingetreten war, machen bei ihrem rapid tötlichen Verlaufe so vollkommen den Eindruck der putriden Intoxication, dass schwerlich eine schädliche Wirkung der mit der Jauche zugleich in das Blut eingeführten Bacterien in Betracht kommen dürfte, zumal nach der mikroskopischen Untersuchung des Blutes der verstorbenen Tiere eine deutliche Vermehrung der Bacterien sich nicht nachweisen liess.

Ein ganz ähnliches Resultat ergab ein 3. Versuch, bei welchem einem erwachsenen Kaninchen etwa $1/2$ ccm einer verflüssigten Gelatinecultur in die Vena jugularis injicirt wurde.

Unmittelbar nach der Injection waren keine merklichen Veränderungen in dem Befinden des Tieres, dessen Temperatur 38,3 betrug, zu constatiren. Erst 7 Stunden darnach zeigte sich das Tier matt und apathisch und frass nicht mehr; die Temperatur war 39,4, die Respiration nur wenig frequenter.

Am anderen Vormittag hingegen, fast 24 Stunden nach der Injection, konnte sich das Tier nur schwer mehr in sitzender Stellung halten, war äusserst matt und die Atemfrequenz war bei deutlicher Cyanose und sehr tiefen Inspirationen in hohem Grade gesteigert. Die Temperatur betrug nur noch 37,8.

Während der Temperaturmessung fiel das Tier plötzlich auf die Seite, bekam Opisthotonus und heftige krampfhafte Zuckungen der Extremitäten bei hochgradiger Dyspnoe und Cyanose. Dieser Anfall dauerte einige Secunden, worauf sich das Tier wieder etwas erholte; jedoch etwa $1/4$ Stunde darnach bekam es einen neuen, noch heftigeren und länger dauernden derartigen Anfall, von welchem es sich übrigens ebenfalls allmählich wieder erholte. Erst in einem dritten solchen Anfalle, welcher sich etwa $1/2$ Stunde nach dem zweiten einstellte, verendete das Tier unter heftigen Krämpfen und Zuckungen. Bei der Section des Tieres und der mikroskopischen Untersuchung des Blutes ergab sich genau das gleiche Resultat, wie bei den an Einspritzung von Jauche zu Grunde gegangenen Tieren.

Ebenso starb ein Meerschweinchen, welchem 2 ccm einer verflüssigten Gelatinecultur des Proteus vulgaris unter die Haut des Rückens injicirt worden waren, bereits nach mehreren Stunden; da der Tod während der Nacht erfolgte, konnten leider die Symptome, unter welchen derselbe eingetreten war, nicht beobachtet werden. Bei der Section fand sich an der Injectionsstelle ganz geringe blutige Sugillation und Oedem des Unterhautzellgewebes. Sämmtliche inneren Organe waren durchaus normal, nur die Serosa der Brust- und Bauchhöhle waren etwas stärker gerötet und in der Bauchhöhle fand sich vermehrtes, etwas trübes Serum, in welchem es von zahllosen, dem Proteus vulgaris zugehörigen Bacterienformen wimmelte. Sowohl aus dem Serum der Bauchhöhle, als auch aus dem Blute dieses Tieres entwickelten sich nach Ueberimpfung auf Nährgelatine vollkommene Reinculturen der injicirten Bacterienart.

Obwohl nun bei diesen beiden letzten Versuchen die verflüssigten Gelatineculturen selbst zur Injection benutzt wurden, so ist es deunoch wahrscheinlich, dass auch in diesen Fällen der Tod der Tiere durch die giftigen Eigenschaften der zugleich mit den Bacterien injicirten zersetzten Nährgelatine, weniger aber durch die Bacterien selbst bedingt war. Denn wenn letztere selbst so schwere pathogene Eigenschaften besässen, dann müssten wohl auch geringere Mengen derselben, unter die Haut, oder in die Bauchhöhle, oder in die Vena jugularis injicirt, wenn auch langsamer, den Tod des Tieres herbeiführen oder wenigstens eine sichtliche, wahrnehmbare Erkrankung desselben bedingen. Es wurde eine ganze Reihe derartiger Versuche mit den 3 beschriebenen Bacterienarten an Kaninchen und Meerschweinchen vorgenommen, allein dieselben hatten, wenn nur wenige Tropfen der Culturflüssigkeit, welche ja immerhin Millionen von Bacterien enthalten, injicirt wurden, der Mehrzahl nach ein negatives Resultat, wenigstens trat niemals der Tod der Tiere in kürzerer Zeit ein. Selbst Jauche eines mit Proteus vulgaris inficirten Leberstückchens wurde, bei 100facher Verdünnung in die Vena jugularis injicirt, von einem erwachsenen, kräftigen Kaninchen ohne jeglichen Nachteil vertragen. Das Tier begann sofort nach der Operation wieder zu fressen und verhielt sich auch späterhin durchaus normal.

Häufig sieht man allerdings, wenn man etwas reichlicher Culturflüssigkeit von Proteus vulgaris und mirabilis oder in Wasser verteilte Bacterien des Proteus Zenkeri unter die Haut injicirt, eine Entzündung der Injectionsstelle mit nachfolgender, oft sehr weit sich erstreckender Abscessbildung eintreten, welche ich bei Injection anderer Bacterienarten, wie z. B. Lungensarcine, niemals beobachten konnte.

Die Injectionen wurden bei sämmtlichen hier geschilderten Versuchen mit Glasspritzen vorgenommen, welche eine metallene Injectionskanüle besitzen und einen mit Aspest umwickelten Stempel, so dass also die ganzen Spritzen sich durch Erhitzen auf 170—180° sterilisiren lassen; ausserdem wurde vor der Injection die Haut des Tieres an der betreffenden Stelle von Haaren entblösst und mit Sublimat gereinigt. Es ist daher allerdings nicht leicht denkbar, dass die Eiterungen auf sonstige durch Verunreinigung bedingte Ursachen zurückzuführen wären.

Besonders sind es 2 Fälle, in welchen bei den Versuchstieren sehr ausgedehnte, schliesslich zum Tode führende Eiterungen sich entwickelten.

Es wurde einem erwachsenen Kaninchen etwa ein halber ccm einer verflüssigten Cultur des Proteus vulgaris unter die Rückenhaut

und einem zweiten Tiere die gleiche Menge unter die Haut des
Nackens gespritzt. Bei beiden Tieren stellte sich heftige Entzündung der Haut ein, welche sich 5—6 cm weit über die Injectionsstelle hinaus erstreckte und sich durch starke entzündliche Rötung
der Haut zu erkennen gab; namentlich dehnte sich bei dem am
Nacken injicirten Kaninchen die entzündliche Rötung und Schwellung bis herab zum Kieferwinkel aus und verbreitete sich auch auf
das ganze Ohr der einen Seite. Die Temperatursteigerung betrug
etwa 1⁰, dabei fühlten sich die Tiere entschieden krank, denn sie
sassen ruhig im Käfig und nahmen in den ersten 4—5 Tagen fast
gar keine Nahrung zu sich.

Au den entzündeten Hautpartieen entwickelte sich bereits am
2. Tage nach der Injection hämorrhagische Sugillation des Unterhautzellgewebes. Vom 4. Tage an begannen die blutig sugillirten
Stellen sich zu demarkiren und wurden von einem gelblichen, schmalen
Hof umsäumt. Im weiteren Verlaufe kam es nun bei beiden Tieren
zu sehr ausgebreiteten Abscessen, über welchen die Haut in grosser
Ausdehnung nekrotisch abgestossen wurde. Bei der fortdauernden
Eiterung magerten die Tiere, obwohl dieselben sonst munter waren
und reichlich Nahrung zu sich nahmen, schliesslich enorm ab und
3 Wochen nach der Injection gingen beide scheinbar an Erschöpfung
zu Grunde.

Bei der Section der Tiere ergab sich folgender Befund:

a. Kaninchen mit Injection unter die Nackenhaut.

Enorm abgemagertes Kaninchen. Hinter dem rechten Ohr befindet
sich ein unregelmässig zackig begrenztes bis zum rechten Kieferwinkel sich erstreckendes Geschwür, welches fast überall mit ein-
getrockneten eitrigen Krusten bedeckt und in dessen Umgebung die
Haut narbig herangezogen ist. Nach Zurückpräpariren der letzteren
zeigt sich das Unterhautzellgewebe in nächster Umgebung des Ge-
schwüres etwas verdickt und stark injicirt; von der Injectionsstelle
ausgehend erstreckt sich, an der rechten Seite des Halses herab-
steigend, medianwärts nach vorne bis unter die Mitte des Sternum
ein sehr langgestreckter, sackförmiger, nahezu 10 cm langer, oben
5 mm, in der Mitte 10 mm und am Grunde 12 mm breiter Abscess,
welcher von einer ziemlich dicken, bindegewebigen Kapsel eingeschlossen ist und in seinem Verlaufe mehrfache kleine Ausbuchtungen
zeigt. Unterhalb desselben sieht man eitrig infiltrirte Lymphbahnen,
welche mit dem Abscess in directem Zusammenhang stehen.

Ferner geht unmittelbar hinter dem rechten Ohr ein zweiter

ähnlicher Abscess ab, welcher sich über den Nacken nach abwärts zwischen die beiden Scapulae erstreckt und sich links von der Wirbelsäule hinzieht; derselbe hat eine Länge von 9 cm und in der Höhe der Scapulae, wo er sich tief unter die M. M. rhomboidei erstreckt, eine Breite von 3 cm. Von hier aus zieht sich auch ein etwa 1 cm breiter Ausläufer bis zum linken Schultergelenke hin, an welchen sich nach vorne und abwärts ein weiterer, unregelmässig begrenzter, durchschnittlich 1 cm im Durchmesser haltender Abscess anschliesst, in dessen Umgebung sich eiterige Infiltration der Lymphbahnen vorfindet. Die Muskulatur des linken Schultergürtels, sowie der linken Thoraxhälfte äusserst blass und atrophisch.

Die inneren Organe der Brust- und Bauchhöhle zeigen keine anatomischen Veränderungen.

b) Tier mit Injection unter die Rückenhaut.

Sehr stark abgemagertes erwachsenes Kaninchen.

An der rechts von der Wirbelsäule gelegenen Injectionsstelle zeigt sich die Haut in einer Ausdehnung von 2 cm Länge und 1½ cm Breite verschorft und in der Mitte dieses Schorfs befindet sich ein rundliches etwa 1 cm breites Loch, aus welchem sich reichlich dicker Eiter entleeren lässt. Nach Ablösen der Haut zeigt sich in der Umgebung das Unterhautzellgewebe etwas eiterig infiltrirt; von jener Oeffnung gelangt man in eine grosse Abscesshöhle, welche sich nach oben zu in zwei spitzen Ausläufern bis zur Mitte der Halswirbelsäule erstreckt und auch nach vorne gegen die Vorderfläche des Halses zu lange Ausläufer entsendet.

Nach unten zu senkt sich die Höhle als ein geräumiger Sack zwischen rechte Scapula und Thoraxwand herein, und es ziehen hier die M. M. rhomboidei als freie, von einer eiterigen Membran umhüllte Stränge durch die Abscesshöhle brückenförmig hin.

Zu beiden Seiten des Thorax unterhalb der Scapulae befinden sich sehr ausgebreitete, beetförmige und scharf abgegrenzte, eiterige Infiltrationen der Brustmuskulatur, von welchen aus allenthalben eiterig infiltrirte Lymphstränge ausstrahlen; ausserdem erscheint die Muskulatur an diesen Stellen blass, graugelblich fleckig, z. T. stark injicirt und leicht hämorrhagisch gefleckt.

Die grosse Abscesshöhle ist von einer gelblichgrauen eiterigen Membran ausgekleidet und mit dickem Eiter prall erfüllt; unterhalb derselben sieht man links von der Wirbelsäule noch mehrere kleine, scharf umschriebene Abscesse und eiterig infiltrirte Lymphbahnen.

Sämmtliche Organe der Brust- und Bauchhöhle durchaus normal. — Ganz ähnliche ausgebreitete und tiefgreifende Eiterungen
konnte ich wiederholt nach reichlicher Injection von Bacterien des
Proteus vulgaris und mirabilis beobachten; dabei ist es von besonderem Interesse, dass jedesmal aus dem Abscesseiter, selbst wenn
erst nach Wochen der Tod des Tieres erfolgte und wenn auch von
den am tiefsten gelegenen Stellen der Abscesse abgeimpft wurde,
sich die betreffende injicirte Bacterienart entwickelte. Dies beweist
wenigstens, dass diese Bacterienarten im tierischen Gewebe längere
Zeit ihre Lebensfähigkeit bewahren und in Abscesseiter zu vegetiren vermögen; aber freilich kann man daraus nicht den sicheren
Schluss ziehen, dass auch die Abscessbildung primär durch die injicirten Bacterien bedingt war, denn es entwickelten sich aus dem
übergeimpften Eiter meistens auch andere Bacterienarten, insbesondere kleine, graue Rasen bildende Kokken.

Wenn es demnach auch fraglich erscheint, ob den Proteus-Arten direct pathogene Eigenschaften zukommen, so dass dieselben vielleicht als Entzündungserreger oder als die Urheber einer bestimmten
Krankheitsform aufzufassen wären, so ist es doch bereits nach den
oben geschilderten Versuchen höchst wahrscheinlich, dass dieselben
indirect einen sehr schädlichen Einfluss auf den tierischen Organismus ausüben können, indem sie bei der jauchigen Zersetzung eiweisshaltiger Substanzen giftig wirkende Stoffe erzeugen, deren Resorption eventuell sogar den Tod eines Tieres bedingen kann.

Um nun den Nachweis zu liefern, dass in der Tat bei der durch
die Proteus-Arten hervorgerufenen fauligen Zersetzung der Eiweisskörper toxisch wirkende Substanzen gebildet werden, wurde eine
Anzahl von Versuchen gemacht, bei welchen den Tieren durch Toncylinder filtrirte, absolut bacterienfreie, von Proteus vulgaris und
mirabilis erzeugte Jauche in die Jugularvene, unter die Haut oder
in die Bauchhöhle injicirt wurde.

Zunächst benutzte ich Jauche von sterilisirtem Fleisch, welches
in der oben angegebenen Weise zubereitet war und nach der Impfung mit den beiden genannten Bacterienarten nahezu 3 Wochen
im Brütofen bei einer constanten Temperatur von 24—26°C. gestanden
hatte. Die so gewonnene filtrirte Jauche stellt eine ziemlich dunkel
gelbbraune, durchaus klare, ziemlich stark übelriechende Flüssigkeit
dar, von welcher zur Controle aufgestellte Proben bis zum Eintrocknen völlig rein und klar blieben.

Die mit derartiger Jauche angestellten Versuche sind folgende:

a) Versuche mit filtrirter aus sterilisirtem Fleisch gewonnener Jauche des Proteus mirabilis.

1. Einem erwachsenen Kaninchen werden 4 ccm der Jauche-flüssigkeit in die Vena jugularis injicirt; bereits während der Injection tritt enorme Beschleunigung der Respiration und der Herztätig-keit ein, zugleich beginnen zitternde Bewegungen des ganzen Körpers. Wenige Minuten nach der Injection, noch während des Vernähens der Halswunde, bekommt das Tier heftigen Opisthotonus mit krampf-hafter Streckung der Extremitäten, welcher einige Minuten anhält, dem aber sofort weitere derartige Krampfanfälle sehr rasch hinter-einander folgen. Kaum 7 Minuten nach der Injection tritt der Tod des Tieres unter heftigen Krämpfen ein. Bei der sofort vorgenom-menen Section, bei welcher besonders darauf geachtet wurde, ob nicht etwa Luftaspiration durch die Vena jugularis erfolgt wäre, konnte nichts nachgewiesen werden.

2. Einem erwachsenen, grossen Kaninchen werden 2 ccm der gleichen Jauche in die Vena jugularis injicirt; auch hier tritt wäh-rend der Injection sehr starke Beschleunigung der Respiration und der Herztätigkeit ein und kurz darnach verfällt das Tier in ähnliche Krämpfe, wie das vorige Tier, welche jedoch weniger heftig sind und sich nur zweimal wiederholen. Nachdem das Tier nach Vernähung der Halswunde in den Käfig zurückgebracht ist, zeigt sich dasselbe etwas matt und apatihsch, die Respiration bleibt noch längere Zeit deutlich beschleunigt. Schliesslich aber tritt vollständige Erholung ein.

3. Einem erwachsenen, kräftigen Kaninchen werden 6 ccm der nämlichen Jaucheflüssigkeit in die Bauchhöhle injicirt. Auch hier treten noch während der Injection hochgradige Steigerung der Atem-frequenz und der Herztätigkeit, sowie heftige Krampfanfälle ein. Nachdem das Tier in den Käfig zurückgebracht ist, kann es sich nicht in sitzender Stellung erhalten, sondern fällt wie gelähmt auf die Seite; die Respiration ist enorm beschleunigt, etwa 140—150 Atemzüge in der Minute, die Lippen und die Ohren sind deutlich cyanotisch.

Nach 1½ Stunden hat sich das Tier scheinbar etwas erholt, wenigstens vermag dasselbe sich in sitzender Stellung zu halten; Respirationsfrequenz nur noch wenig erhöht.

Am anderen Morgen, 16 Stunden nach der Injection, wird das Tier tot und bereits völlig abgekühlt in seinem Käfig gefunden.

Bei der Section zeigt sich nicht die geringste Veränderung irgend welcher Organe; insbesondere ist die Bauchhöhle völlig leer, die

Serosa derselben überall blass und ganz normal, nirgends eine Spur
von Eiter oder Fibrinbelag.

Sofort nach der Section wurde mittelst eines sterilisirten Capillarröhrchens aus der Vena cava ascendens eine Blutprobe entnommen
und auf Nährgelatine übertragen; es unterblieb jedoch jegliche Entwicklung von Bacterien.

4. Einem grossen Meerschweinchen werden 2½ ccm der Jaucheflüssigkeit in die Bauchhöhle injicirt. Kurz nach der Injection stellen
sich ebenfalls Beschleunigung der Respiration und der Herztätigkeit,
sowie rasch vorübergehende Krämpfe ein. Darnach zeigt sich das
Tier mehrere Stunden äusserst schwach und elend, so dass es sich
offenbar nur mit Anstrengung aufrecht erhalten kann. Bis zum anderen Morgen jedoch hat sich dasselbe völlig erholt.

*b) Versuche mit filtrirter, aus sterilisirtem Fleisch gewonnener
Jauche des Proteus vulgaris.*

1. Einem erwachsenen Kaninchen werden 2 ccm zehnfach verdünnter Jaucheflüssigkeit in die Bauchhöhle injicirt. Unmittelbar
nach der Injection sitzt das Tier ruhig im Käfig und zeigt ganz
leichte Steigerung der Atemfrequenz; bereits wenige Stunden darnach
ist jedoch das Befinden des Tieres anscheinend ganz normal, auch
treten bei demselben späterhin keine Erkrankungssymptome mehr auf.

2. Einem erwachsenen Kaninchen werden 2 ccm concentrirter
Jaucheflüssigkeit in die Bauchhöhle injicirt. Kurz nach der Injection
tritt enorme Beschleunigung der Respiration und Herztätigkeit ein;
das Tier ist äusserst matt und verhält sich völlig ruhig. Nach
etwa ½ Stunde kann sich dasselbe nur schwer aufrecht erhalten,
die Atemfrequenz ist bis zu 140 in der Minute gestiegen, die Ohren
und das Zahnfleisch sind leicht cyanotisch, die Pupillen weit. Leider
musste das Tier nun verlassen werden und 3 Stunden darnach war
es bereits tot. Bei der sofort vorgenommenen Section ergab sich
ebenfalls ein absolut negativer Befund; die injicirte Flüssigkeit war
völlig resorbirt, das Peritoneum zeigte keine Spur von Veränderung.
Mit dem Blute des rechten Vorhofes wurden drei Capillarröhrchen
gefüllt und dann dasselbe auf Nährgelatine gebracht, jedoch unterblieb jegliche Bacterienentwicklung.

3. Einem erwachsenen Meerschweinchen werden 2 ccm der gleichen Jaucheflüssigkeit in die Bauchhöhle injicirt. Nach der Injection
in den Käfig zurückgebracht, erscheint das Tier etwas angegriffen
und zeigt sehr beträchtliche Steigerung der Respirationsfrequenz.

Schon nach einer Stunde macht dasselbe den Eindruck schwerer Erkrankung; es sitzt zusammengekauert in einer Ecke, sträubt die Haare und kann sich nur mit Anstrengung aufrecht erhalten. Gegen den Versuch, dasselbe aufzujagen, bleibt es völlig reactionslos und wenn man es mit Gewalt in die Mitte des Käfigs bringt, kriecht es langsam und unsicher in die Ecke zurück. Nach weiteren 4 Stunden haben jedoch diese Krankheitserscheinungen entschieden nachgelassen, die Respiration ist weniger beschleunigt, die Haltung ruhiger und kräftiger. Am folgenden Morgen ist das Tier wieder völlig munter und normal.

4. Einem erwachsenen Kaninchen werden 10 ccm verdünnter Jaucheflüssigkeit in die Bauchhöhle gespritzt. Kurz nach der Injection tritt sehr bedeutende Erhöhung der Atemfrequenz und Beschleunigung der Herztätigkeit ein; dabei ist das Tier sehr matt, kann sich nur mit Anstrengung in sitzender Stellung erhalten und die Pupillen sind auffallend weit und gegen Lichteinwirkung völlig reactionslos.

Zwei Stunden nach der Injection haben alle diese Erscheinungen wesentlich zugenommen, insbesondere ist die Respirationsfrequenz ausserordentlich gesteigert, die Ohren und die Schleimhaut der Zunge und der Lippen sind leicht livid gefärbt, die Haare erscheinen leicht struppig und das ganze Tier fühlt sich auffallend kühl an; die Temperatur beträgt im Rectum 37,2.

Nach weiteren 3 Stunden macht das Tier den Eindruck sehr schwerer Erkrankung; die Atemfrequenz beträgt in der Minute zwischen 130 und 140, bisweilen erfolgen sehr tiefe, krampfhafte Inspirationen; das Tier kann sich kaum aufrecht erhalten und liegt zum Teil auf der Seite, an die Wand des Käfigs angelehnt; Pupillen sehr weit, selbst gegen unmittelbar vor das Auge gehaltenes Licht völlig reactionslos; Temperatur im Rectum 36,3.

Trotz der offenbar schweren Intoxication trat in diesem Falle bis zum andern Morgen fast völlige Erholung des Tieres ein; die Temperatur war wieder zu der normalen Höhe von 39,0 gestiegen, die Pupillen zeigten wieder deutliche Reaction, ebenso war die Atemfrequenz und die Herztätigkeit zur Norm zurückgekehrt. Gegen Abend erschien das Tier wieder vollkommen gekräftigt und zeigte durchaus normales Verhalten.

Endlich wurde noch eine grössere Menge mit Proteus vulgaris versetzten und in Fäulniss übergegangenen Fleisches mit absolutem Alkohol extrahirt und darauf das klare, bräunlich gefärbte Filtrat eingedampft; auf diese Weise wurde ein bräunliches Extract von dickbreiiger Consistenz gewonnen, welches jedoch nicht völlig alko-

holfrei war, so dass nach Injection grösserer Mengen in die Bauchhöhle zunächst deutliche Symptome von Alkoholvergiftung bei den
Tieren auftraten. Ich unterlasse es daher, diese Versuche genauer
anzuführen und möchte nur soviel hervorheben, dass jedenfalls das
alkoholische Extract weit weniger giftig ist, als reine filtrirte Jauche
oder wässeriges Extract derselben; denn es waren ganz bedeutende
Mengen des alkoholischen Extractes erforderlich, um den Tod der
Tiere herbeizuführen. Grössere Mengen wirken aber entschieden
tötlich; denn es zeigte sich, dass die Tiere nach Einspritzung mehrerer Cubikcentimeter des mit Wasser stark verdünnten Extractes zu
Grunde gingen, während ein anderes Tier, welchem zur Controle
der Alkoholwirkung mit Wasser verdünnter absoluter Alkohol in die
Bauchhöhle injicirt worden war, zwar sehr schwer an acuter Alkohol-
intoxication erkrankte, aber sich wieder völlig erholte, obgleich auf
1 Teil des alkoholischen Jaucheextractes 1 Teil absoluten Alkohols
gerechnet wurde. Dagegen erwies sich das aus dem in absolutem
Alkohol unlöslichen Teil des faulen Fleisches dargestellte wässerige
Extract, welches durch Stunden langes Kochen und Eindampfen gewonnen wurde, ebenfalls sehr giftig.

Es wurden von demselben einem grossen Meerschweinchen 6 ccm
in die Bauchhöhle gespritzt; das Tier erkrankte vollkommen unter
den gleichen Symptomen, wie das Meerschweinchen in dem zuletzt
geschilderten Versuche, welchem filtrirte frische Jauche in die Bauchhöhle injicirt worden war. Allein dasselbe erholte sich nicht wieder,
sondern wurde am andern Morgen tot im Käfig gefunden. Das Sec-
tionsresultat war auch hier völlig negativ und aus einer grösseren auf
Gelatine gebrachten Blutprobe erfolgte keine Bacterienentwicklung.

Aus diesen Versuchen geht mit Bestimmtheit hervor, dass Proteus vulgaris und Proteus mirabilis bei der durch sie bedingten fauligen Zersetzung der Eiweisskörper flüssige chemische Substanzen
erzeugen, welche für den tierischen Organismus in hohem Grade
giftige Eigenschaften besitzen. Denn es genügen schon verhältnissmässig sehr geringe Mengen der filtrirten Jaucheflüssigkeit, um, in
die Blut- oder Lymphbahnen eines Tieres gebracht, eine sichtliche
Erkrankung desselben hervorzurufen, und die Injection von mehr als
4—5 ccm der Jauche hat eine sehr schwere Erkrankung des Tieres
zur Folge, welche meistens unter den Symptomen einer acuten septi-
schen Intoxication sehr schnell zum Tode führt, wenn nicht letzterer
sich fast unmittelbar an die Einverleibung des Giftes anschliesst.

Ja es scheinen die von diesen Bacterienarten erzeugten giftigen

Substanzen wohl mit zu den schwersten Giften zu gehören, welche
überhaupt bei der fauligen Zersetzung tierischen Gewebes entstehen.
Denn während PANUM [1]) bei seinen Versuchen über das putride Gift,
bei welchen er sich gewöhnlicher Fäulnissjauche bediente, 21—32 ccm
der filtrirten Jauche in die Blutbahn injiciren musste, um bei kleinen
Hunden eine tötliche Erkrankung hervorzurufen, ist von der durch
Proteus mirabilis und vulgaris erzeugten Jauche kaum der sechste
Teil dieser Menge erforderlich, um, selbst in die Bauchhöhle injicirt,
in kurzer Zeit ein Tier von der Grösse eines erwachsenen Kanin-
chens sicher zu töten.

Allerdings ist hervorzuheben, dass PANUM die Jaucheflüssigkeit
zuvor durch anhaltendes Kochen sterilisirte, wodurch die Eiweisskörper derselben geronnen und jedenfalls einen Teil der giftig wir-
kenden Bestandteile zurückhielten. Gleichwohl möchte aber dadurch kaum eine so bedeutende Abschwächung der Giftigkeit des
Filtrates bedingt sein, dass nun verhältnissmässig so grosse Quantitäten erforderlich sind, um die tötliche Minimaldosis zu erreichen.

Nachdem es nun also durch diese Versuche festgestellt ist, dass
die Arten der Gattung Proteus bei der fauligen Zersetzung der Gewebe eminent giftig wirkende Substanzen erzeugen, ist es von vorne
herein wahrscheinlich, dass diese Bacterienarten auch in patholgi-
scher Hinsicht eine bedeutsame Rolle zu spielen vermögen, zumal
dieselben ausserordentlich häufig sind und fast bei jedem jauchigen
Geschwüre, überhaupt fast bei jedem mit Jauchung verbundenen Pro-
cesse gefunden werden.

Denn es kann für den Organismus doch wahrlich nicht gleichgiltig sein, wenn von irgend einem Krankheitsherde aus fortwährend
derartige giftige Stoffe, wenn auch nur in geringen Quantitäten, auf
dem Wege der Lymphbahnen oder des Blutstroms resorbirt werden.

Liegen aber Verhältnisse vor, bei welchen grössere Mengen von
Blut oder mortificirten Gewebsteilen bei gleichzeitigem Vorhanden-
sein einer grösseren Resorptionsfläche zur Verjauchung kommen,
wie dies z. B. beim Zurückbleiben von Placentarresten, Eihäuten oder
Blutgerinnsel im puerperalen Uterus der Fall sein kann, so ist es
wohl denkbar, dass dann von diesen Bacterienarten so reichliche
Mengen der giftigen Zersetzungsproducte erzeugt werden, dass durch
deren Resorption der Tod unter den Erscheinungen der Septicämie,
d. i. der putriden Infection, erfolgen kann.

[1) Virchow's Archiv. LX. S. 301.

Kurze Zusammenfassung der hauptsächlichsten Resultate vorliegender Untersuchungen.

1. Bacterium termo Ehr. lässt sich nicht als eine einheitliche Bacterienart definiren, indem die demselben nach den Autoren zukommenden Eigenschaften auch andere Bacterienarten, wenigstens in gewissen Stadien der Entwicklung, besitzen.

2. Die Arten der Gattung Proteus durchlaufen in ihrer Entwicklung einen weiteren Formenkreis, bei welcher es zur Bildung von kokkenähnlichen Körperchen, Kurzstäbchen, Langstäbchen, Fadenformen, Vibrionen, Spirillen, Spirulinen und Spirochäten kommt.

3. Die Mannigfaltigkeit dieses Formenkreises wird durch geeignete Modification des Nährsubstrates in hohem Grade beeinflusst, so dass z. B. auf saurem Nährboden nur noch kokkenähnliche Individuen und Kurzstäbchen zur Entwicklung gelangen.

4. Durch die Sätze 2 und 3 wird bewiesen, dass es in der Tat Spaltpilzarten gibt, welche im Sinne der von ZOPF aufgestellten Theorie von der Inconstanz der Spaltpilzformen einen weiteren Formenkreis durchlaufen; die von COHN gegebene systematische Einteilung der Spaltpilze ist daher unhaltbar.

5. Die Arten der Gattung Proteus gehen unter geeigneten Ernährungsbedingungen ein Schwärmstadium ein, in welchem sie befähigt sind, sowohl auf der Oberfläche als auch im Innern erstarrter Nährgelatine rasche Ortsveränderungen vorzunehmen.

6. Die Proteus-Arten gehören zu den facultativen Anärobiern unter den Bacterien.

7. Sämmtliche Arten der Gattung Proteus sind Fäulnisserreger und gehören insbesondere Proteus vulgaris und mirabilis wohl mit zu den wirksamsten und häufigsten Fäulnissbacterien.

8. Bei der durch die Proteus-Arten bewirkten Fäulniss wird kein unorganisirtes Ferment erzeugt und ist daher die durch dieselben

bedingte faulige Zersetzung der Eiweisskörper lediglich als eine directe Arbeitsleistung der Bacterien selbst aufzufassen.

9. Die Proteus-Arten erzeugen bei der fauligen Zersetzung tierischen Gewebes ein schweres Gift, von welchem schon geringe Mengen ausreichen, um, in die Blut- oder Lymphbahnen gebracht, kleinere Tiere unter den Erscheinungen der putriden Intoxication zu töten.

10. In Anbetracht des fast constanten Vorkommens der Proteus-Arten bei jauchigen Processen aller Art und in Rücksicht darauf, dass dieselben dabei für den tierischen Organismus giftig wirkende Substanzen erzeugen, ist es wahrscheinlich, dass diese Bacterienarten für die Aetiologie der Septicämie (putriden Intoxication) von wesentlicher Bedeutung sind.

Erklärung der Abbildungen.

Wenn Koch es so dringend empfiehlt, bacteriologische Arbeiten nicht durch Zeichnungen, sondern durch Photogramme zu illustriren, so dürften wohl gerade die dieser Arbeit beigegebenen photographischen Abbildungen besonders geeignet sein, die von Koch in dieser Hinsicht vertretene Ansicht zu rechtfertigen. Denn eine graphische Darstellung derartiger Objecte ist eben nach meiner Auffassung überhaupt nur auf photographischem Wege möglich. Wenn auch die nachstehenden Photogramme vielleicht manches zu wünschen übrig lassen, so vermögen dieselben doch das so merkwürdige Ausschwärmen dieser Bacterien, sowie deren eigentümliche Zooglocabildungen gewiss weit besser zu veranschaulichen, als noch so sorgfältig angefertigte Zeichnungen. Vor allem aber sind diese Bilder absolut wahrheitsgetreu und sind daher unanfechtbare Beweisdokumente für richtige Beobachtung.

Ich nehme daher an dieser Stelle mit Freuden Gelegenheit, Herrn Professor Dr. J. v. Gerlach, welcher mich in die Kunst der Mikrophotographie einführte, für den mir erteilten Unterricht meinen innigsten Dank auszusprechen.

Die Photogramme wurden mit dem Gerlach'schen Apparate aufgenommen; ich bediente mich dabei der Bromsilber-Gelatine-Emulsionsplatten der Firma Dr. Schleussner in Frankfurt a. M. Als Lichtquelle benutzte ich kleine Glühlichtlämpchen, welche mit 3—4 Bunsen-Elementen ein intensiv weisses Licht ausstrahlen.

Bei sämmtlichen Photogrammen kamen die Hartnack'schen Systeme 2, 4, 7 und homogene Immersion I in Anwendung; die Figuren 7—10, 13 u. 14 sind nach lebenden Gelatineculturen aufgenommen, während die übrigen Photogramme nach braun gefärbten und in Canadabalsam eingeschlossenen Präparaten hergestellt wurden. Es lassen sich nämlich die auf der Gelatineoberfläche schwärmenden Bacterien sehr leicht dadurch auf das Deckglas übertragen und fixiren, dass man dasselbe einfach auf die Gelatineoberfläche vorsichtig auflegt und rasch wieder entfernt. Dabei bleiben sämmtliche Bacterien, genau in der Lage, welche sie eben inne hatten, an dem Deckglase haften und man erhält also auf diese Weise gewissermassen Momentbilder der ausgeschwärmten Cultur.

Da bei dem Lichtdruck nur je zwei gleichkräftige Negative auf einer Tafel vereinigt werden konnten, war es leider nicht möglich, die Reihenfolge der Figuren nach deren Zusammengehörigkeit bezüglich der einzelnen Arten zu ordnen.

Taf. I Fig. 1. Sediment aus dem verflüssigten Bezirke einer 24 Stunden alten Cultur des Proteus vulgaris; man sieht hier neben zahlreichen, dem Bact. termo ähnlichen, Formen sehr viele Kurzstäbchen und kleine kurz-ovale Körperchen; dazwischen finden sich noch vereinzelte etwas grössere Stäbchen. Die hier abgebildeten Formen gleichen völlig denjenigen, welche man in dem Sedimente älterer Culturen findet, nur dass in letzterem die kleinsten Formen ausschliesslich vorhanden sind. Da jedoch das Sediment älterer Culturen die braune Farbe nur wenig annimmt, wurde für photographische Aufnahme vorliegendes Präparat gewählt. 524 : 1.

Taf. I Fig. 2. Sediment einer Cultur des Proteus mirabilis bei beginnender Verflüssigung der Gelatine; dasselbe besteht bereits vorwiegend aus äusserst kleinen, dem Bact. termo ähnlichen Formen, kleinen Kurzstäbchen und kleinen ovalen Körperchen; nur oben und unten finden sich noch vereinzelte längere Stäbchen. Es wurde vorliegendes Präparat aus dem gleichen wie bei Fig. 1 angeführten Grunde dem Sedimente älterer Culturen vorgezogen. 524 : 1.

Taf. II Fig. 3. Schwärmende Inseln des Proteus vulgaris. Die grösseren mannigfaltig gestalteten Schwärme bestehen zum grösseren Teile aus kurzen Stäbchen; allenthalben finden sich aber auch kleinere Fadengruppen in denselben, wie z. B. der lange nach beiden Seiten sich erstreckende schmale Ausläufer der unten gelegenen grösseren Insel fast ausschliesslich von langen Stäbchen und Fäden gebildet wird. Zwischen den grösseren Inseln schwärmen kleine Stäbchengruppen, isolirte Stäbchen und einige Fäden umher. 285 : 1.

Taf. II Fig. 4. Grössere schwärmende Inseln des Proteus mirabilis, welche durch schmale Ausläufer verbunden sind und mannigfaltige, meistens aus längeren Fäden bestehende Fortsätze zeigen. In der grösseren, aus kurzen Stäbchen und Fäden bestehenden Insel befindet sich nach links eine eigentümliche, hufeisenförmig gekrümmte und in der Mitte dick angeschwollene Involutionsform. 285 : 1.

Taf. III Fig. 5. Grössere schwärmende Insel des Proteus vulgaris, teils aus Kurzstäbchen, teils aus kurzen Fäden bestehend. 524 : 1.

Taf. IIIa Fig. 6. Aus Kurzstäbchen bestehender Schwarm einer 14 Stunden alten Cultur des Proteus mirabilis, in welchen eben ein Faden von ungewöhnlicher Länge (0,2 mm) hereinkriecht; aussen hat sich demselben ein kurzer Faden eng angeschlossen. 285 : 1.

Taf. IV Fig. 7. Etwa 3 Tage alte, dicht von rankenförmigen Zooglöen umgebene Cultur des Proteus vulgaris aus der Tiefe der starren Gelatine. Der runde dunkle Ballen in der Mitte zeigt die ursprüngliche Form der Cultur; die rankenförmigen Ausläufer haben sich aus den ausgeschwärmten und zur Ruhe gekommenen Fäden entwickelt, welche an Ort und Stelle in Kurzstäbchen und kokkenähnliche Körperchen zerfallen. In der Peripherie sieht man vereinzelte kleinere, fast fadenförmige Colonien, welche dadurch entstanden sind, dass während des Schwärmstadiums

einzelne Fäden, sich in der Gelatine fortbohrend, sich weiter von der
ursprünglichen Cultur entfernten.   75 : 1.

Taf. IV Fig. 8. Korkzieherförmige Cultur des Proteus vulgaris,
welche nur zum Teil von rankenförmigen Zooglöen umgeben ist, während
die korkzieherförmig gewundene Spitze noch frei erscheint.   75 : 1.

Taf. V Fig. 9 zeigt eine 10 Tage alte Cultur des Proteus vulgaris;
hier haben sich mächtige, mannigfaltig gewundene rankenförmige Ausläufer entwickelt. Dabei ist der ursprüngliche runde Zoogloeaballen von
einem Mantel circulär gelagerter, dünnerer, strangförmiger und rankenförmiger Zooglöen umgeben, welche in der Anordnung noch an die circuläre Zone der schwärmenden Fäden erinnern.   95 : 1.

Taf. VI Fig. 10. Korkzieherförmige Cultur des Proteus vulgaris aus
der Tiefe der Gelatine von einem dichten Mantel circulär gelagerter strangförmiger Zooglöen umgeben, von welchen in der Peripherie zahlreiche
mit der ursprünglichen Cultur in keinem Zusammenhange mehr stehen.
Da die in der Mitte gelegene korkzieherförmige Cultur allseitig von den
Zooglöen eingehüllt ist, erscheint dieselbe etwas verwaschen, gleichwohl
aber ist deren Form, insbesondere der gewundene obere Teil, noch deutlich sichtbar.   95 : 1.

Taf. VII Fig. 11. Schwärmende Inseln einer 24 Stunden alten Cultur
des Proteus mirabilis; die mittlere Insel besteht hauptsächlich aus Stäbchen verschiedener Länge, nur am Rande, besonders oben und unten,
sieht man längere Fäden, welche sich teils entfernen, teils sich mit derselben soeben vereinigen. Sehr characteristisch ist der links von dieser
Insel sich befindliche Fadenring, welcher im Leben rasch rotirende Bewegungen vollführte. Ausserdem sieht man auf der Figur kleinere
schwärmende Fadengruppen und Stäbcheninseln, sowie einzelne kurze
Fäden.   285 : 1.

Taf. VII Fig. 12 zeigt den Fadenring der vorigen Figur bei stärkerer
Vergrösserung; hier sieht man sehr deutlich, dass derselbe von längeren,
concentrisch gelagerten Fäden gebildet wird, von welchen ein nahe dem
Centrum gelegener eine spindelförmige Anschwellung des einen Endes
besitzt.   524 : 1.

Taf. VIII Fig. 13. Korkzieherförmige Zooglöen des Proteus mirabilis
aus der Tiefe eines von diesen Gebilden in hohem Grade durchsetzten
Gelatinenäpfchens. Die zahlreichen Zooglöen, welche nur zum Teil scharf
eingestellt erscheinen, zeigen in sehr characteristischer Weise die wunderbaren Formen, welche diesen Zooglöen zukommen. Neben sehr regelmässig gewundenen Spiralen verschiedener Stärke sieht man auch sehr
zahlreiche Formen mit unregelmässigeren Windungen, welche nur an einem
oder an beiden Enden in eine fein zugespitzte Spirale auslaufen. 95 : 1.

Taf. IX Fig. 14. Aehnliche Zoogloeaformen aus der nämlichen Cultur; hier sind besonders die beiden schräg durch die Mitte verlaufenden
und durch einen langen Faden verbundenen Zooglöen zu beachten, von
welchen die rechts gelegene an dem einen Ende dick und abgerundet er-

scheint, an dem anderen aber in eine sehr regelmässig gewundene Spirale übergeht, während die links gelegene Zoogloea in grösserer Strecke sehr unregelmässige Windungen erkennen lässt. Die fadenförmige Verbindung, welche sich bei mikroskopischer Untersuchung aus kokkenähnlichen Individuen und Kurzstäbchen bestehend erweist, entsendet nach allen Seiten hin kurze, reiserähnliche Ausläufer, insbesondere sieht man unmittelbar vor der links gelegenen Zoogloea längere zarte Verzweigungen.

Ebenso zeigt die oberhalb dieses langen Verbindungsfadens gerade in der Mitte des Bildes gelegene Zoogloea an ihrem oberen Ende einen zarten, reich verzweigten Ausläufer.

Vergleicht man die in dieser und in der vorigen Figur wiedergegebenen Zoogloeaformen mit den von KLEBS abgebildeten Culturen seines Helicomonas der Syphilis, so lässt sich die grosse Aehnlichkeit beider nicht verkennen.   95 : 1.

Taf. X Fig. 15. Schwärmende Inseln des Proteus mirabilis mit sehr zahlreichen Involutionsformen. Da die Inseln überall da, wo solche Involutionsformen auftreten, häufig zweischichtig werden, ausserdem aber zwischen den einzelnen Individuen oft eine sich ebenfalls tingirende Zwischensubstanz zu bestehen scheint, so lassen sich die einzelnen Stäbchen und Fäden meistens nur schwer vollkommen scharf und deutlich erkennen. Dagegen sind die dicken rundlichen und spindelförmigen Anschwellungen dieser eigentümlichen Formen sehr schön zu sehen.   285 : 1.

Taf. X Fig. 16. Involutionsformen des Proteus mirabilis; neben denselben sieht man auch zahlreiche Stäbchen verschiedener Länge und Dicke, sowie ganz kleine, dem Bact. termo ähnliche Formen; die sehr blass erscheinenden Involutionsformen sind abgestorben und haben daher nur wenig Farbstoff aufgenommen.   524 : 1.

Taf. XI Fig. 17. Schwärmende Inseln einer 24 Stunden alten Cultur des Proteus Zenkeri; dieselben bestehen zum Teil aus zarten, kurzen Stäbchen, zum Teil aus langen Fäden, insbesondere sieht man in den unteren Inseln sehr schöne, dichte Fadengruppen.   285 : 1.

Taf. XI Fig. 18. Kleine Inseln und Gruppen schwärmender Stäbchen und Fäden aus der Peripherie der gleichen Cultur; zwischen denselben sieht man auch einzelne isolirte schwärmende Fäden.   285 : 1.

Taf. XII Fig. 19. Grössere schwärmende Inseln der gleichen Cultur, welche gerade durch mehrfache Ausläufer mit einander verbunden erscheinen; sehr characteristisch ist die kleine, links gelegene, leicht bogenförmig gekrümmte, aus wenigen kurzen Fäden bestehende Gruppe, welche gerade eine weite Bogenlinie zu beschreiben scheint.   285 : 1.

Taf. XII Fig. 20. Rasenbildung aus der Mitte der nämlichen Cultur; zwischen den zahlreichen Stäbchen verschiedener Länge sieht man auch grössere Gruppen längerer Fäden eingelagert. Nach aussen ist der Uebergang zu den schwärmenden Inseln zu erkennen; an den dunkeln Flecken, an welchen die einzelnen Individuen nicht zu unterscheiden sind, ist der Rasen bereits doppelschichtig geworden.   285 : 1.

Taf. XIII Fig. 21. Grösstenteils aus Fäden bestehende Insel der gleichen Cultur; von derselben löst sich soeben ein kleiner Schwarm ab, um eine ringförmige Figur zu bilden. Rechts davon eine kleine, meist aus Kurzstäbchen bestehende Gruppe. 524 : 1.

Taf. XIII Fig. 22. Partie aus einer grösseren Insel, innerhalb welcher kleine Gruppen sehr schön entwickelter, langer Fäden sich befinden; an manchen derselben lässt sich bei guter Beleuchtung, wenn auch nur undeutlich, die Gliederung erkennen. 524 : 1.

Taf. XIV Fig. 23. Die hier abgebildeten Individuen stammen aus dem radiären Strahlenkranze einer 36 Stunden alten Cultur des Proteus vulgaris. Das Präparat wurde ebenfalls durch Abklatschen gewonnen; da bei dieser Methode im Gebiete des Strahlenkranzes von der hier stark gelockerten Gelatine etwas am Deckglase haften bleibt und bei der Tinction sich ebenfalls leicht mitfärbt, so erscheint der Grund etwas fleckig. Neben den zahlreichen kurzen Stäbchen und kleinen ovalen Körperchen zeigt diese Figur insbesondere sehr zierlich gewundene Spirulinen verschiedener Länge, sowie vereinzelte längere und kürzere, einfach gewundene, der Vibrio-Form entsprechende Fäden.[*] 524 : 1.

Taf. XIV Fig. 24. Aus Stäbchen und Fäden bestehender Rasen einer 24 Stunden alten Cultur des Proteus Zenkeri; in der Mitte befindet sich eine sehr lange, schön entwickelte Spirulina und rechts davon zwei in ähnlicher Weise verschlungene, aber getrennte kürzere Fäden. 524 : 1.

Taf. XV Fig. 25. Teil einer ausgeschwärmten, 24 Stunden alten Cultur des Proteus Zenkeri; links sieht man den äusseren Bezirk des in der Mitte der Cultur entwickelten Bacterienrasens, welcher hier bereits von zahlreichen Lücken durchbrochen ist und in der Peripherie sich allmählich in die schwärmenden Inseln auflöst. Letztere nehmen gegen die Peripherie hin allmählich an Grösse ab und zeigen überall in sehr characteristischer Weise die mannigfaltigen und wunderbaren Figuren, welche dieselben unter beständigem Formenwechsel bilden; besonders merkwürdig sind die ziemlich zahlreichen, teils isolirten, teils mit anderen Schwärmen verbundenen ringförmigen Figuren. Bei der schwachen Vergrösserung sind die einzelnen Individuen der schwärmenden Inseln nicht ausgeprägt. 38 : 1.

Taf. XV Fig. 26. Grössere schwärmende Inseln der gleichen Cultur, welche zum Teil durch sehr zahlreiche Ausläufer mit einander vorübergehend anastomosiren; rechts unten erscheint die auf Taf. XIII Fig. 21 abgebildete, aus Fäden bestehende Insel.

---

[*] Leider ist es mir nicht gelungen, auch schöne Präparate von Spirillen zu erhalten, indem dieselben so sehr in verschiedenen Ebenen liegen, dass sie beim Antrocknen auf das Deckglas jedesmal in Bruchstücke zerfielen.

TAFELN.

Figur 1.

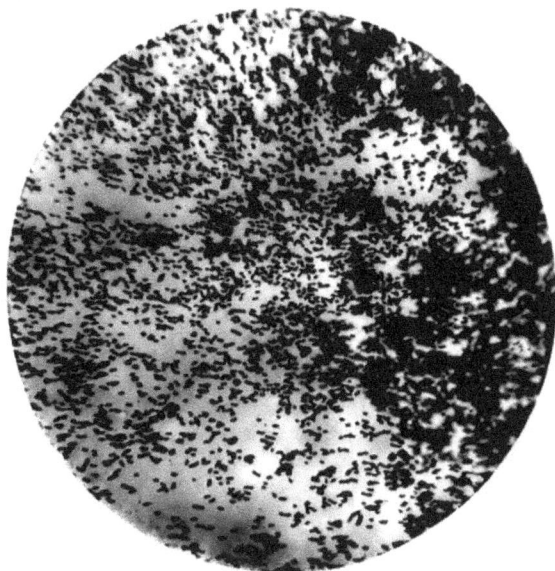

Figur 2.

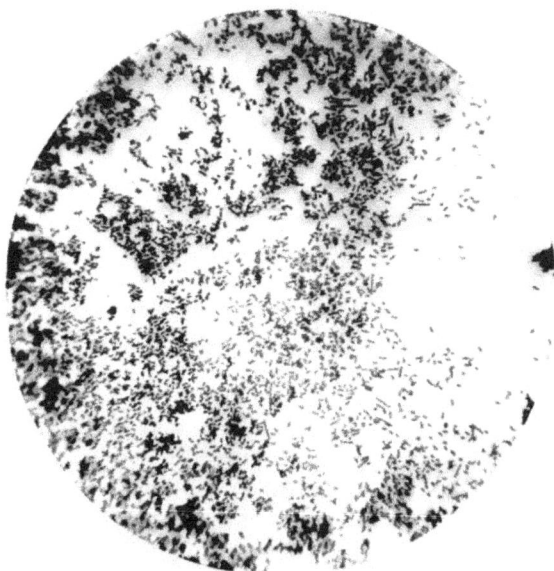

Figur 3.

Figur 4.

Figur 5.

Figur 6.

Figur 7.

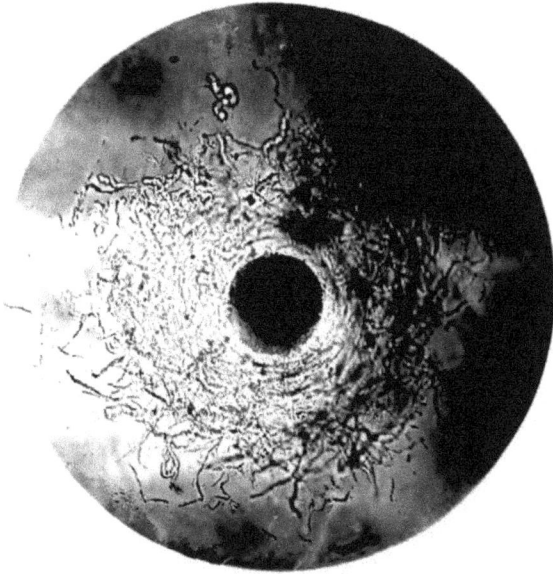

Figur 8.

Figur 9.

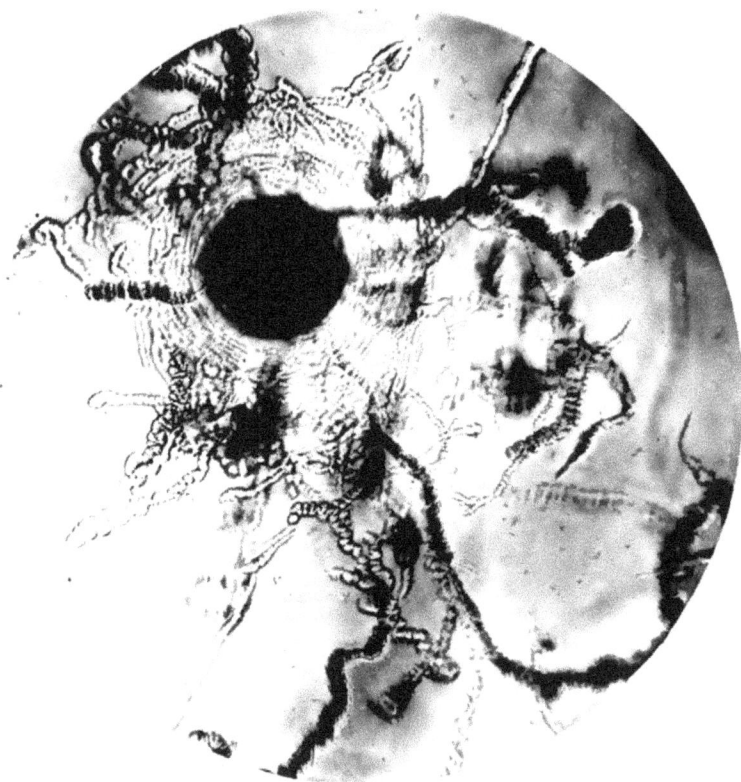

Figur 10.

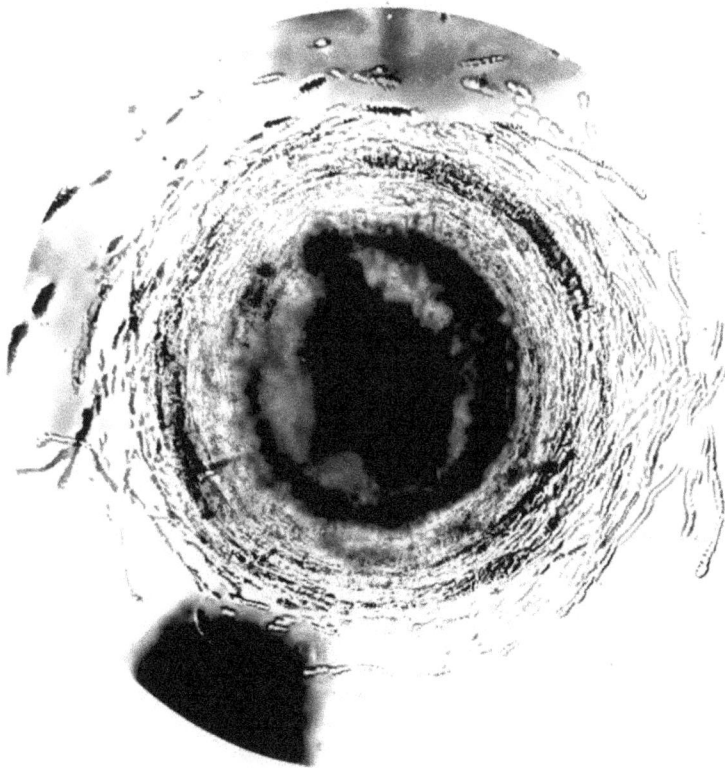

Figur 11.

Figur 12.

Figur 13.

Figur 11.

Figur 15.

Figur 16.

Figur 17.

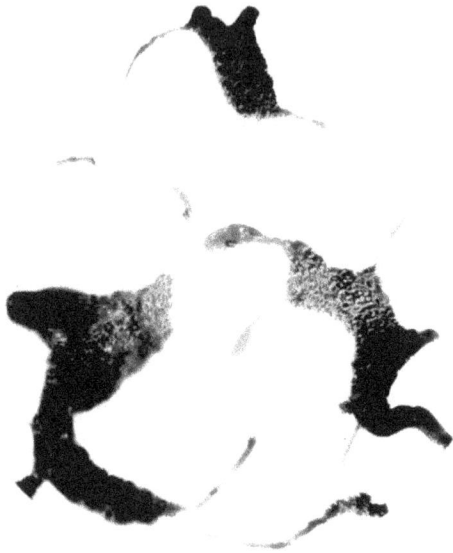

Figur 18.

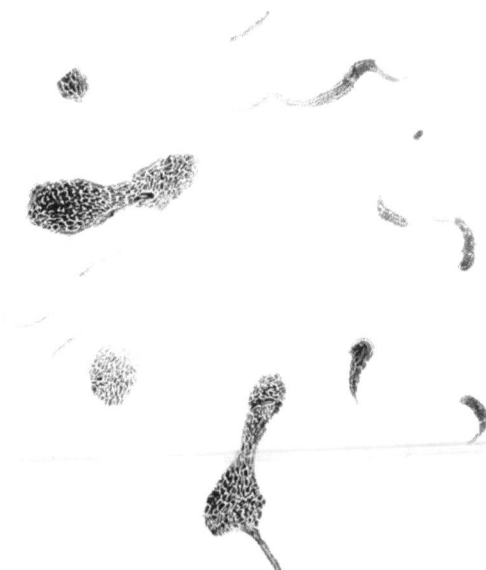

Figur 19.

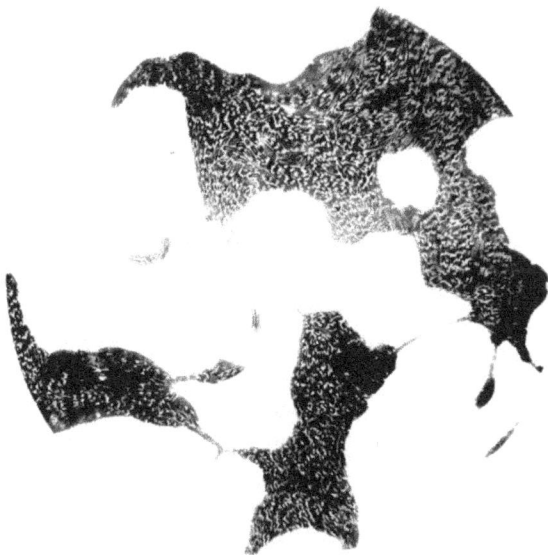

Figur 20.

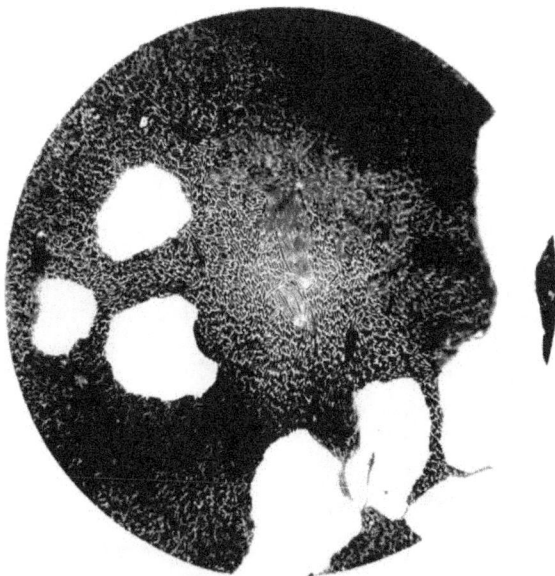

Figur 21.

Figur 22.

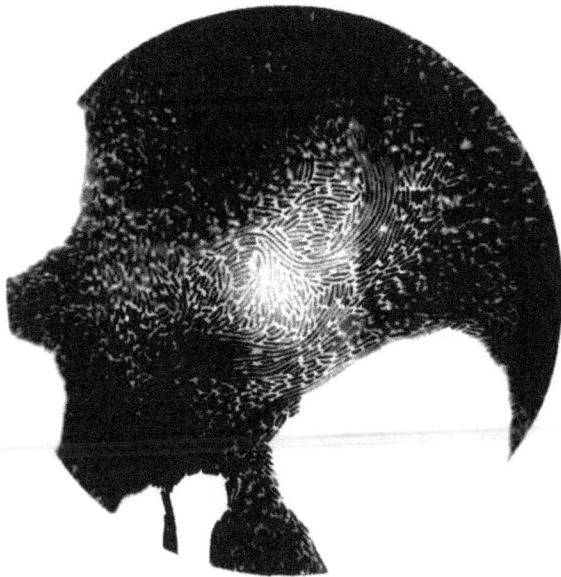

Figur 24.

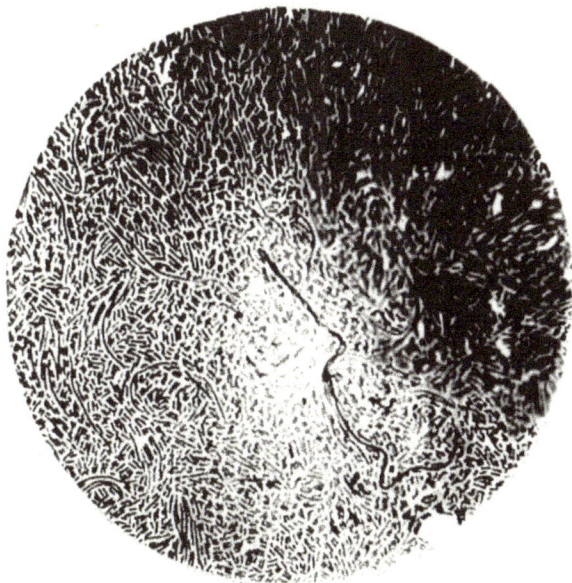

Figur 23.

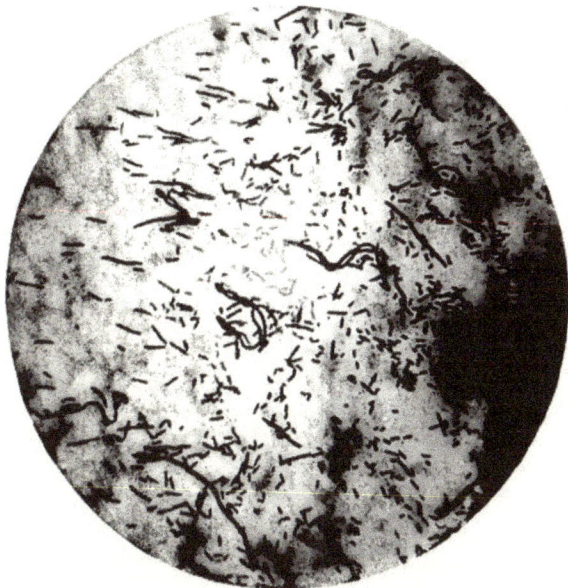

Figur 25.

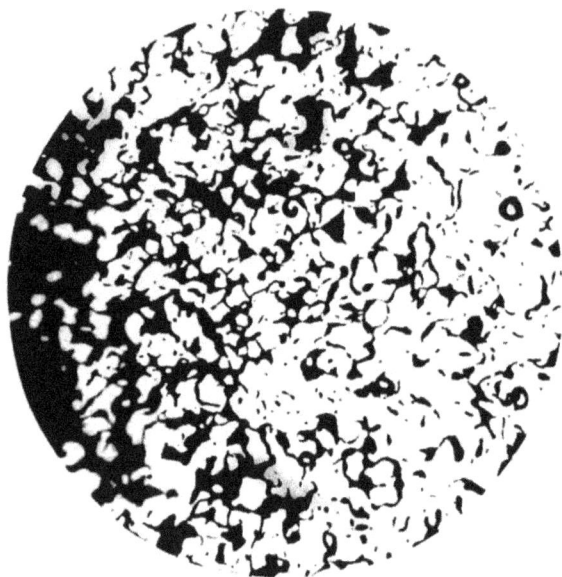

Figur 26.

www.ingramcontent.com/pod-product-compliance
Lightning Source LLC
Chambersburg PA
CBHW021943220326
41599CB00013BA/1665